苗圃化学除草技术

董钧锋　王少丽　编著

中国农业科学技术出版社

图书在版编目（CIP）数据

苗圃化学除草技术/董钧锋，王少丽编著 . —北京：中国农业科学技术
出版社，2016.7
ISBN 978 – 7 – 5116 – 2651 – 6

Ⅰ. ①苗… Ⅱ. ①董… ②王… Ⅲ. ①苗圃 – 化学除草 Ⅳ. ①S723.5

中国版本图书馆 CIP 数据核字（2016）第 154091 号

责任编辑	崔改泵	
责任校对	杨丁庆	
出版发行	中国农业科学技术出版社	
	北京市中关村南大街 12 号　邮编：100081	
电　　话	（010）82109194（编辑室）　　　（010）82109702（发行部）	
	（010）82109709（读者服务部）	
传　　真	（010）82106650	
网　　址	http://www.castp.cn	
经 销 商	各地新华书店	
印 刷 者	北京富泰印刷有限责任公司	
开　　本	850mm×1 168mm　1/32	
印　　张	6.75	
字　　数	182 千字	
版　　次	2016 年 7 月第 1 版　2016 年 7 月第 1 次印刷	
定　　价	25.00 元	

前　言

　　自古以来，苗圃就是花卉观赏、栽培和利用绿色植物造林的物质基础。故苗圃的起源及发展，是随着社会生产力和观赏花卉与园林建设的发展而逐渐发展壮大起来的。

　　近年来，随着我国城市建设迅速发展及小城镇建设的长足进步，人民的文化水平及生活水平不断提高，对城市景观的要求越来越高，环境绿化已成为人们的普遍要求，也促使我国的苗圃建设与发展进入一个新阶段。

　　苗圃杂草的防除，是苗圃生产中一项必不可少的技术措施。其中，化学除草技术是苗圃杂草防除的首要措施与关键环节。因此，必须不断推广苗圃杂草防除新技术，特别是苗圃化学除草新技术，以促进园林花木种苗的健康成长。

　　广大植保科技工作者在长期实践中逐步探索出了经济、有效、安全、低成本的苗圃化学除草新技术。通过生产实践证明，苗圃化学除草具有除草及时、效果显著、劳动强度小、工效高、成本低等优点。应用推广苗圃化学除草新技术，可以获得较高的经济效益、社会效益和生态效益。

　　我国从 20 世纪 60 年代起开发苗圃化学除草技术，在其后的近 20 年中，该项技术的研究和推广进程十分缓慢，远不能满足苗圃生产的需求。改革开放以来，随着国外大量高活性与超高活性除草剂品种不断进入我国试验和应用，推动了我国苗圃化学除草技术的科技进步。

　　为了适应我国苗圃发展和产业结构战略性调整的需要，我们在多年从事农田化学除草技术推广工作的基础上，结合苗圃生产实际，编写了《苗圃化学除草技术》。本书较为详细地介绍了苗圃主要杂草的形态特征、生物学特性、分布区域及危害状况，并附有各种杂草的形态特征图；重点介绍了已在我国进行试验、示范、推广的国内外主要化学除草剂的产品性能、作用特点和使用方法；向读者推荐了各种苗圃控制杂草危害的化学治理技术措施等。这将有益于帮助读者在生产实践中识别杂草种类，有针对性地选择除草剂产品，控制杂草的危害，确保苗圃生产安全。本书对从事苗圃杂草防除技术研究、开发、推广的科技人员及除草剂产品营销人员均有一定的参考价值。

由于编者水平有限，编写时间仓促，书中难免存在不当之处，欢迎广大读者批评指正。

编者

2016 年 3 月

目　录

第一章 概 述

第一节 苗圃的起源与发展

一、苗圃的起源

苗圃是培育树木幼株或某些农作物幼苗的园地，按用途可分为森林苗圃、园林苗圃、果树苗圃、作物苗圃和蔬菜苗圃等，其作用是在较短的时间内，以较低的成本，培育各种类型、各种规格、各种用途的优质苗木或农作物幼苗，以满足城乡绿化和作物栽培所需。

自夏朝以来，社会的发展与人类的进步，推动了工农业生产的兴旺，也促进了文化艺术的昌盛，推动了花卉的发展及苑、圃、园林的兴建，随之就产生了苗圃和花圃。自古以来，苗圃和花圃就是花卉观赏、栽培和利用绿化植物造林的物质基础。故苗圃的起源及发展，是随着社会生产力和观赏花卉与园林建设的发展而逐渐发展壮大起来的。

二、苗圃的发展历史

（一）苗圃的兴起时期与发展时期

西周时代，政治经济制度完善，农业手工业发展迅速，推动了经济文化的发展，随着花卉观赏栽培，园林建设兴起，苗圃也开始发展起来。

两汉时代，出现了著名"文景之治""光武中兴"繁荣局面，促进了花卉园林建设的发展。自西汉起养花栽树之风盛行，而且

1

竹、茜、桅、莲等经济植物已成为商品，因此汉朝苗圃、花圃、药圃和特种经济植物圃，已非常繁盛。

（二）苗圃的发展兴盛时期

唐朝"贞观之治""开元盛世"，使唐朝达到全盛时期。经济的繁荣推动了花卉、官苑、私苑、寺庙园林、游览名胜地的发展，也推动了苗圃和花圃的大发展。

北宋结束了五代十国分裂割据局面，社会稳定，经济发达，文化艺术蒸蒸日上，推动了花卉园林的发展。宋朝植树栽花造园之风兴盛，因此成为古代花卉园艺发展鼎盛时期。

（三）苗圃发展缓慢时期

明代统治强化，工农业日盛，迁都北京后，社会经济更为发展，国力渐至富强，文化繁荣。明代中期，商品经济发展，造园栽花之风渐盛，花卉开始商品化，进入国民经济领域。

清代观花、养花、摆花成为时尚，花卉生产日渐兴盛，从而促进了苗圃和花圃的发展。

民国时期，花卉园林事业陷入停滞状态，各地传统花农及花市仅维持花木、种苗、盆花、切花生产，故苗圃和花圃几乎没有发展。

新中国成立后，工农业迅速发展，社会经济繁荣，文化昌盛，推动了花卉园林事业的发展，苗圃、花圃也有很大的发展，特别是改革开放后，城市园林绿化、公园和名胜风景区建设突飞猛进，故苗圃、花圃如雨后春笋般发展起来，并逐渐向着规模化、产业化、科学化、工厂化、现代化的方向发展。

第二节　杂草的产生与危害

一、杂草的产生

杂草是随着人工生境的产生而得名的。人类出现后，基本的生存需要迫使人类必然与植物打交道。当人类通过捕食动物和采集植物营养器官或果实无法解决人口增长和自然资源相对减少的矛盾时，便开始想办法让食用植物再生长，这样人们不需离家太远去捕食和采集。人类与植物不断发生撞击的结果，产生了植物驯化。

植物驯化的结果产生了栽培植物。随着种植业的发展，出现了不少非栽培植物，这种非栽培植物对人类生产活动的负作用越来越强。为了好的收获，必须给要种植的作物营造良好的环境，因此，铲除这些"没用"而又影响栽培作物生长的植物，就成为农业生产中一项相伴而生的活动。这些非栽培植物，人们习惯上叫它们"杂草"。

二、杂草的危害

(一) 与园林植物争夺水分、养料和光照

杂草适应性强，有发达的根系，与园林植物生长在一起，争夺水肥的能力较园林植物大，消耗水分能力较强。例如，每形成 1 kg 野燕麦干物质要消耗水分 400～500 kg；藜、小藜、灰绿藜等多种藜是积累钾能力较强的杂草；荠菜、离蕊芥等是大量积累氮的杂草；多种杂草与栽培植物生长在一起，大量消耗生境中的水分和养分，导致土壤氮、磷、钾失调，使栽培植物生长发育不良而降低产量和质量。

此外，还有缠绕性杂草，如牵牛、鹅绒藤等全部或部分覆盖于栽培植物之上，造成栽培植物叶层光线缺乏，影响光合作用的强度。

(二) 园林植物的寄生物

有的杂草以栽培植物为寄主而生活。有些杂草如百蕊草，其根寄生于栽培植物上吸取养料，而它的地上部分为绿色，也能进行光合作用，制造有机物质，称为半寄生杂草；若本身不含叶绿

素，完全吸收园林植物的养料和水分，称为全寄生杂草。由于杂草种类不同而寄生方式不一，有的杂草如列当、黄花列当等，以根寄生于园林植物根部吸取养料和水分。而另一些杂草如菟丝子、大菟丝子等，当幼苗出土后，以丝状体向四周旋转寻找寄主，一旦找到寄主，在接触部位产生吸根，插入其组织内开始寄生生活，并迅速生长蔓延，使园林植物生长缓慢，叶片变黄，花小而少，危害严重时，甚至常造成植物死亡。

（三）影响人畜安全

公园、小区的绿地都是人类休闲的地方，一旦有杂草侵入，尤其是有毒和有害的杂草，将威胁到人们的健康和安全，有时可造成外伤或诱发疾病。

有毒杂草，其威胁人畜安全的部分是杂草的种子、乳汁和气味，例如打碗花、白头翁、罂粟、酢浆草、曼陀罗、猪殃殃、大巢草、龙葵和毒麦（种子）等。

有物理伤害作用的杂草，其威胁人畜安全的器官是杂草的利器，也即杂草的芒、叶、茎、分枝，例如白茅和针茅的茎；黄茅、狗尾草的芒（能钻入皮下组织）。

诱发疾病或疼痛是指某些杂草具有花粉和针刺，例如豚草可导致呼吸器官过敏，引起哮喘发作；人体裸露部位一旦碰到荨麻草，疼痛会持续 10 h 以上。

（四）孳生病虫害

一些病虫利用杂草越冬、繁殖，使园林植物在生长季节被感染，造成植物生长缓慢或死亡。

夏至草开花时，植物体挥发出一些气味，吸引包括蚊虫在内的飞虫，给管理园林和在观赏或休憩的人们带来不便。园林病害也是观赏性植物的一大危害，往往会导致成片的观赏植物枯萎、死亡。

杂草给园林植物病虫带来生存便利，使得病虫能够长期潜伏，隐蔽为害。杂草不除，园林植物发生病虫害的危险会持续存在。

第三节 杂草的生物学特性

杂草与园林植物的长期共生和适应，导致其自身生物学特性上的变异，加之漫长的自然选择，使杂草形成了多种多样的生物学特性。

园林杂草的生物学特性是指杂草通过对人类生产和生活等活动所致的环境条件（人工环境）的长期适应，形成的具有不断延续能力的表现。了解杂草的生物学特性及其规律，就可能了解到杂草延续过程中的薄弱环节，对制定科学的杂草治理策略和探索防除技术有重要的理论与实践意义。

一、杂草形态结构的多型性

在人为的和自然的选择压力下，杂草形成了多种多样的适应性方式。

（一）杂草个体大小变化大

不同种类的杂草个体大小差异明显，高的可达 2 m 以上，如假高粱和芦苇等；中等的有约 1 m 的小飞蓬等；矮的仅有几厘米，如地锦等。同种杂草在不同的生境条件下，个体大小变化亦较大。例如，荠菜生长在空旷、土壤肥力充足、水湿光照条件好的地带，株高可达 50 cm 以上，相反，生长在贫瘠、干旱的裸地上的荠菜，其高度仅在 10 cm 以内；又如，漆姑草生长在具稀疏阳光和湿度较好的半裸地带，其枝叶舒展、个体较高，而分布在草坪植物丛中或砖石缝隙中，则节间短、叶片小，甚至开花习性也明显不同。

（二）根茎叶形态特征多变化

杂草的根大约有十几种类型，其中，大多是须根系，其须根茂密，根系发达；也有直根系，其主根强壮，根毛密生，能深入到很深的土层中吸取水分和营养，甚至能躲过除草剂的药土层；还有的杂草须根呈放射状分布，可从远处吸收养分，对土表的占有率大。

杂草生长定型后的叶片形状也有十几个类型，叶片最小的长度也有 0.5 mm，如金鱼藻；最大的叶片长度有 17 cm，如牛繁缕。

杂草的茎主要是 3 种：根茎、生殖枝、匍匐茎。根茎为主要分生组织区，进行营养生长，其地上部分主要由叶片构成。当进入生殖生长期时，植株可产生生殖枝，在枝条顶部着生花序和种子。还有些杂草有匍匐茎和根茎，这些茎由母株根茎发出并沿地表水平生长，在水平枝条的节间着生直立枝条和根系。草地早熟禾、匍匐紫羊茅、邵氏雀稗都能产生根茎。而钝叶草、匍匐翦股颖、野牛草、粗茎早熟禾为匍匐茎型草种。狗牙根和结缕草能同时以根茎和匍匐茎扩展。

除此以外，生长环境对杂草根、茎、叶的发生也有一定的影响。生长在阳光充足地带的杂草，如马齿苋、反枝苋和土荆芥等多数杂草茎秆粗壮、叶片厚实、根系发达，具较强的耐旱耐热能力。相反，生长在阴湿地带的杂草，其茎秆细弱、叶片宽而薄、根系不发达，当进行生境互换时，后者的适应性明显下降。

（三）组织结构随生态习性变化

生长在水湿环境中的杂草通气组织发达，而机械组织薄弱，如野荸荠和水花生等。生长在陆地湿度低的地段的杂草则通气组织不发达，而机械组织、薄壁组织都很发达，如狗尾草、牛筋草等。同一杂草如鳢肠等，生活在水湿环境中，其茎中通气组织发

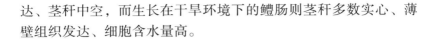

达、茎秆中空，而生长在干旱环境下的鳢肠则茎秆多数实心、薄壁组织发达、细胞含水量高。

二、杂草生活史的多型性

一般早发生的杂草生育期较长，晚发生的较短，但同类杂草成熟期则差不多。根据杂草当年一次开花结实成熟、隔年一次开花结实成熟和多年多次开花结实成熟的习性，可将杂草的生活史分为一年生类型、二年生类型和多年生类型。但是，不同类型之间在一定条件下可以相互转变。多年生的蓖麻发生于北方，则变为一年生杂草。当一年生或二年生的野塘蒿被不断刈割后，即变为多年生杂草。草坪上的短叶马唐是一年生杂草，不断修剪亦可使其变为多年生。这也反映出杂草本身的不断繁衍持续的特性。

三、杂草营养方式的多样性

杂草的营养方式是多种多样的。绝大多数杂草是光合自养的，但亦有不少杂草属于寄生性的。寄生性杂草分全寄生和半寄生两类。寄生性杂草在其种子发芽后，历经一定时期的生长，必须依赖于寄主的存在和寄主提供足够有效的养分才能完成生活史全过程。例如，全寄生性杂草菟丝子类是栽培作物苜蓿等植物的茎寄生性杂草；列当是一类根寄生性杂草，主要寄生和危害向日葵等作物。半寄生性杂草如桑寄生和槲寄生等，寄生于桑等木本植物的茎干上，依赖寄主提供水分和无机盐，自身进行光合作用。

四、杂草适应环境能力强

(一) 抗逆性强

杂草具有较强的生态适应性和抗逆性，表现在对盐碱、人工干扰、旱涝、极端高低温等有很强的耐受能力。例如，藜、芦苇和眼子菜等都有不同程度耐受盐碱的能力。马唐在干旱和湿润土壤生境中都能良好地生长。

（二）可塑性大

由于长期对自然条件的适应和进化，植物在不同生境下对其个体大小、数量和生长量的自我调节能力被称为可塑性。杂草的可塑性使得杂草在极端不利的环境条件下，缩减个体并减少物质的消耗以保证种子的形成，延续其后代；而在有利的环境中，则增加分枝和分蘖数量以追求尽可能高的生殖力。如灰菜和苋菜的株高可低至 1 cm，高至 300 cm，结籽数可少至 5 粒，多至 100 万粒以上。杂草的可塑性还表现在其群体结构的自我调节，在低密度下能通过提高个体结实量生产出大量的种子。此外，当土壤中草籽密度很大时，发芽率降低而防止群体过大，从而避免个体死亡率的增加，这也是可塑性的体现。

（三）生长势强

杂草中的 C_4 植物比例明显较高，全世界 18 种恶性杂草中，C_4 植物有 14 种，占 78%。C_4 植物由于光能利用率高、蒸腾系数低，而净光合速率高，因而能够充分利用光能、CO_2 和水进行有机物的生产。如草坪中的马唐、狗尾草、反枝苋、马齿苋等。

（四）拟态性

即杂草与栽培植物在形态上相似的特性，这是杂草长期形成的一种自我保护形式。杂草的拟态性在田园中有很多典型的例子，如稗草与水稻、亚麻荠与亚麻、野燕麦与小麦、假高粱与高粱。杂草除了在形态上和栽培植物长得相似外，在生长特性方面也和栽培植物相似，适应于人为干预频繁、高投入的生存环境。杂草对栽培植物的这些拟态性，给人们防除杂草，特别是人工除草带来了极大的困难。

（五）杂合性

由于杂草群落的混杂性、种内异花授粉、基因重组、基因突变和染色体数目的变异性，一般杂草基因型都具有杂合性，这也是保证杂草具有较强适应性的重要因素。杂合性增加了杂草的变异性，从而大大增强了抗逆性，特别是在遭遇恶劣环境条件，如低温、旱涝以及使用除草剂防治杂草时，可以避免整个种群的覆灭，使物种得以延续。

（六）躲避能力

某些杂草对动物或不良的环境有一定的躲避能力。如野燕麦在土表遇外力触动后，种子向下钻，在雨季，该现象很容易表现出来，这是杂草萌发前对种子避免破坏的一种自我保护方式。

五、杂草繁衍滋生的复杂性与强势性

（一）繁殖方式的多样性

杂草的繁殖方式主要有两大类：无性生殖和有性生殖。尤其是多年生杂草，具有很强的营养繁殖和再生能力。如狗牙根的地下茎，每一节都可发芽、生根并向四方伸展。香附子的地下器官包括贮藏养分的块茎和向四面扩张的地下匍匐茎，新芽出土形成新的植株时，它的下端又渐渐形成新的块茎，从块茎上又发出匍匐茎，以致在地面上成片发生。

有性生殖是杂草普遍进行的一种生殖方式。多数杂草具有远缘亲合性和自交亲合性，如旱雀麦、紫羊茅、假泽兰等自交和异交均为可育。异花传粉受精有利于为杂草种群创造新的变异和生命力更强的种子，自花授粉受精可保证杂草在独处时仍能正常受精结实、繁衍滋生蔓延。

（二）惊人的多实性

许多杂草都尽可能多地繁殖种群的个体数量，来适应环境繁衍种族的特性。绝大部分杂草结实力高于栽培作物的几倍或几百倍。一株杂草往往能结成千上万甚至数十万粒细小的种子。据报道，稗草平均每株能产生 7160 粒种子，皱叶酸模每株产生的种子数为 29500 粒，反枝苋为 117400 粒，荠菜为 38500 粒，马唐为 5000 粒。这种大量结实的能力，是杂草在长期竞争中处于优势的重要原因。

（三）传播途径的广泛性

杂草的传播途径可分为自然传播和人为传播两种形式。在长期的生物进化过程中，由于自然选择和人工选择的结果，杂草种子或果实保留了适于自身传播的生物学性状。例如，十字花科、石竹科和玄参科的杂草，如荠菜、麦瓶草、婆婆纳等，其种子可借果皮开裂而脱落散布；菊科杂草的种子上有冠毛，可随风飘扬；苍耳等杂草种子有刺毛，可附着于其他物体上传播。

杂草种子的人为传播和扩散则是所有杂草种子的传播扩散（尤其是远距离传播和扩散）途径中，影响最大、造成危害最重的一种方式，应该引起人们的高度重视。

（四）强大的生命力

许多杂草种子埋藏于土壤中，多年后仍能保持生命力。如荠菜种子在土壤中可存活 6 年，马齿苋种子在土壤中可存活 40 年，野燕麦、早熟禾、马齿苋、荠菜和泽漆等的种子都可存活数十年。有些杂草种子如稗、马齿苋等，通过牲畜的消化道被排出后，仍然有一部分可发芽。如稗草种子在 40℃ 高温的厩肥中，可保持生命力达 1 个月。

（五）参差不齐的成熟期

杂草每年都产生大量种子，但只有少数萌发。未萌发的种子大多处于休眠状态，埋在不同深度的土壤中，年年积累，土壤中储藏有年龄不同、种类繁多、数量巨大的杂草种子库。由于不同种杂草种子的休眠特性及对萌发条件反应的差异，使杂草种子萌发出苗期具有持续性，可以从作物播种期一直持续到成熟期，在整个生育期中不断有杂草出苗。由于成熟期不一致，第二年杂草的萌发时间也不整齐，这也为清除杂草带来了困难。

（六）再生能力强

有些杂草具有再生能力，如打碗花、苣荬菜、芦苇等的地下根茎在机械翻地时被切断后，仍可生成新的植株。有些杂草地上部分被铲除后，在地表的根蘖节处也可长出新的植株。很多多年生杂草的根茎和块茎的再生能力很强。白茅的根茎挖出风干后，再埋入土中仍能发芽生长。

第四节　杂草的分类

对杂草进行分类是识别杂草的基础，而杂草的识别又是杂草的生物学和生态学研究，特别是防除和控制的重要基础。

一、根据生物学特征分类

（一）按生命周期分类

按生命周期的长短，杂草可分为一年生、二年生和多年生杂草。由于少数杂草的生命周期随地区及气候条件有变化，故按生命周期的分类方法不能十分详尽。但其在杂草化学防除中仍有重要意义。

1. 一年生杂草

该类杂草在一个生长季节内完成其生活史，即从种子发芽到成熟结实在一年内完成（图1-1）。如马齿苋、反枝苋、牛筋草、马唐、稗草、异型莎草和碎米莎草等。

2. 二年生杂草

该类杂草在夏末或秋、冬季发芽，植株处于未成熟的状态度过冬季的几个月，翌年春天再进一步进行营养生长，春末或夏初开

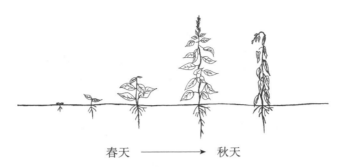

春天 ————→ 秋天

图1-1　一年生杂草的生活史

花、结实，生长时间虽不足一年，但跨两个年度，因而称之为二年生杂草。如野燕麦、波斯婆婆纳、猪殃殃、播娘蒿和独行菜等。

3. 多年生杂草

该类杂草生长期较长，能存活多年，既可以种子繁殖又能以根茎等营养器官繁殖，通常以营养器官休眠越冬。根据芽位和营养繁殖器官的不同又可分为：

（1）地下芽杂草。越冬或越夏芽在土壤中。其中，还可以分为地下根茎类，如刺儿菜、苣荬菜、双穗雀稗等；地茎类，如香附子和水莎草等；球茎类，如野慈姑等；鳞茎类，如小根蒜等；直根类，如车前等。

（2）半地下芽杂草。越冬或越夏芽接近地表。如蒲公英。

（3）地表芽杂草。越冬或越夏芽在地表。如蛇莓和艾蒿等。

（4）水生杂草。越冬芽在水中。

多年生杂草耐药性比一年生和二年生杂草要强，防治难度较大。

（二）按叶片形态分类

根据杂草的叶片形态特征对杂草进行分类，大致可分为禾草、莎草和阔叶草三大类。该分类方法虽然粗糙，但在杂草的化学防治中有其实际意义。许多除草剂就是由于杂草的形态特征获得选择性的。

1. 禾草类

属于禾本科植物。其主要形态特征为：叶片狭长、叶脉平行，叶鞘开张，常有叶舌，无叶柄；茎圆形或略扁，分节，节间中空。如马唐、稗草和狗尾草等。

2. 莎草类

属于莎草科植物。其叶片形态与禾草相似：叶片狭长、叶脉平行，但叶鞘不开张，无叶舌；茎三棱形或扁三棱形、不分节、实心。如香附子、异型莎草等。

3. 阔叶草类

包括所有的双子叶植物杂草及部分单子叶杂草。其主要形态特征为：叶片宽大，具网状叶脉，叶有柄；茎常为实心。如反枝苋、马齿苋和荠菜等。

（三）根据植物系统学分类

即依植物系统演化和亲缘关系的理论，将杂草按门、纲、目、科、属、种进行分类（图 1-2）。这种分类对所有杂草可以确定其位置，比较准确和完整，但实用性稍差。

在高等植物范围内，四大门中都存在杂草，低等植物中，只有藻类中的绿藻门和轮藻门存在有杂草。

（四）按寄生性分类

杂草按寄生性可分为非寄生杂草、半寄生杂草和寄生杂草。

非寄生杂草：有叶绿体，能进行光合作用。常见的杂草绝大部分为非寄生性杂草，如葎草、萹蓄、刺儿菜等。

半寄生杂草：有叶绿体，能进行光合作用，但倾向于寄生，若无寄主也能生存，如独脚金和百蕊草等。

寄生杂草：一般无叶绿素，不能或不能独立进行光合作用，需要或必须有寄主，有特殊吸收器，离开寄主，不能完成生活史，它的生存所需要的能量物质来自于寄主。根据寄生部位又可

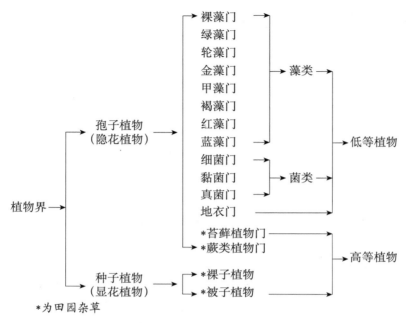

图1-2 杂草的分类系统

分为茎寄生类，如菟丝子；根寄生类，如列当等。

（五）按子叶数分类

按子叶数杂草可分为单子叶杂草和双子叶杂草。

从结构上区别，子叶为2片的为双子叶，单片的为单子叶。种子萌发出土后，露出地表的叶片数，在正常状态下，单子叶为单叶，双子叶杂草为双叶。在杂草防除方面，区分单双子叶杂草，可以为选择合适的除草剂提供科学依据。

二、根据生态学特征分类

（一）按发生与水分关系分类

按发生与水分关系分为水生杂草、旱生杂草和兼性杂草。

杂草的萌发至成熟的整个生命周期中，有些杂草对水分非常敏感或要求严格。杂草生长的大部分季节，需要水分，而且关键时期不能缺水，这类杂草，习惯上叫作水生杂草，如鸭舌草、金鱼藻、浮萍和眼子菜等。相反，整个生命周期需水量少，多了反而不利于杂草生长，这类杂草属于旱生杂草，如马唐、狗尾草、蟋蟀草、藜、苣荬菜、婆婆纳等。

（二）按发生与温度关系分类

按萌发与温度关系分为早春杂草和晚春杂草。有些杂草萌发出土时，所要求的温度低，在春季较早时期就发生，夏季开花结果，这类杂草叫早春杂草，如藜、萹蓄、酸模叶蓼等；萌发出土时需要较高的温度，夏秋开花结果，这类杂草叫晚春杂草，如马唐、反枝苋、稗草、狗尾草等。

有些杂草的发生对温度要求较高，环境温度超过特定的范围，其生长就受到抑制。如一些南方的杂草不可能在北方发生，而一些北方的杂草在南方也很难见到。因此，按杂草生长的整个生活史与温度的关系，将杂草分为高温杂草、亚高温杂草、中温杂草和低温杂草。

（三）按发生与光照的关系分类

杂草萌发时需要光，这类杂草叫需光杂草，例如，胜红蓟、假泽兰等。苋菜、狗尾草不需要光也能萌发，这种杂草叫不需光杂草。

有些杂草生育季节需要一定的光辐射，低于一定的光强度，不能很好地生存，这些杂草属于阳性杂草，充足的阳光可以使它充分生长，如香附子、蟋蟀草、藜等。另外，一些杂草在光辐射不强的情况下，也能健康生长，这类杂草属于耐阴杂草，但对栽培植物生长的干扰并不低，如酢浆草、矮慈姑、四叶萍等。

中国南北纬度范围和海拔高低范围比较大，因而在特定环境下，形成了一些特定的生长型，即长日照植物和短日照植物。反映到杂草领域，就是长日照杂草和短日照杂草，这两种类型的植物互换环境后，生长的质量受到威胁。晚春的北方杂草一般属于长日照杂草，晚春的南方杂草多属于短日照杂草。

（四）按生境的生态学分类

根据杂草所生长的环境以及杂草所构成的危害类型对杂草进行分类。此种分类的实用性强，对杂草的防治有直接的指导意义。

（1）耕地杂草。耕地杂草是指能够在人们为了获取农业产品进行耕作的土壤上不断自然繁衍其种族的植物。

（2）非耕地杂草。能够在路埂、宅旁、沟渠边、荒地、荒坡等生境中不断自然繁衍其种族的植物。这类杂草许多都是先锋植物或部分为原生植物。

（3）水生杂草。能够在沟、渠、塘等生境中不断自然繁衍其种族的植物。它们影响水的流动和灌溉、淡水养殖、水上运输等。

（4）草地杂草。能够在草原和草地中不断自然繁衍其种族的植物，影响畜牧业生产。

（5）林地杂草。能够在速生丰产人工管理的林地中不断自然繁衍其种族的植物。

（6）环境杂草。能够在人文景观、自然保护区和宅旁、路边等生境中不断自然繁殖其种族的植物。这些杂草影响人们要维持的某种景观，对环境产生不利影响。如豚草产生可致敏的花粉飘落于大气中，使大气受污染。由于杂草侵入被保护的植被或物种生境，影响后者的生存和延续等。

第五节　化学除草的优势

1942 年，2，4 - 滴的使用，使得化学合成除草剂正式走进历史的舞台。20 世纪 70 年代以来，随着有机合成工业的迅速发展，广谱、高效、选择性强、安全性高的除草剂不断出现。经过 70 多年的探索和实践，全世界已有约 400 多种除草剂投入生产和应用。除草剂逐步成为农药工业的主体，其年产量、销售量及使用面积跃居农药之首。

目前，化学除草作为一种现代化的防治手段在经济发达地区被广泛运用并发挥了巨大的作用。一个地区化学除草面积的多少和除草剂的应用技术水平，在某种程度上，可反映出该地区的经济发展状态。经济越发达，除草剂的使用量越大，应用技术水平越高。同时也可以看出，除草剂的使用可提高生产效率，促进经济的发展。化学除草的主要优点有以下四个方面。

（1）省工、省力、提高劳动生产率。除草是农业生产活动中用工最多（约占田间劳动量 1/3～1/2）、最为艰苦的农作劳动之一。在作物的生长季节，人工除草一般需要 3～4 次才能达到较为理想的防治效果，而化学除草往往只需 1～2 次就能达到很好的防治效果。化学除草不仅可大大减少除草用工，还可降低劳动强度，提高劳动生产率。

（2）投入少、产出高。虽然化学除草需要购买除草剂，但从总的除草成本来算，化学除草还是比人工除草低得多。所以，化学除草以其少量的投资，节省了大量的劳动力投资，而且获得高产。一般情况下，化学除草较人工除草增产效果明显，低可达 3%，高可达 36%。

（3）易实现耕作制度的改革。利用化学除草的方法可全面消除杂草，易实施免耕法、少耕法以及缩小行距等一些新的耕作制度。

（4）有利于农村工业和副业发展，加速农村致富。化学除草见效快、效果好，并且很大程度上节省了农村劳动力，有利于农村工业和副业的发展，有利于农民工向城市转移，从而加速了农村的脱贫致富。

虽然化学除草剂有很多优点，但使用不当，也会带来一些负面影响，如作物药害、环境污染、抗性杂草发生等。但只要我们掌握了除草剂特性及其正确的使用方法，就能达到除草保苗的效果，把负面影响降低到最小程度。

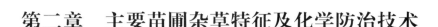

第二章　主要苗圃杂草特征及化学防治技术

第一节　禾本科杂草

禾本科杂草为多年生或一年生、二年生草本植物，很少灌木或乔木，须根。茎埋藏于地下或成地下茎，着生地面上的称秆，直立或倾斜或呈匍匐茎，节明显，节间常中空，很少实心。叶分叶片与叶鞘两部分，叶鞘包着秆，通常一边开缝，边缘覆盖，少有封闭。叶片多为线形，很少是披针形或卵形，全缘，平行脉；叶片与叶鞘之间向秆的一面有一透明的薄膜，称叶舌。叶鞘顶端两侧各有 1 附属物称叶耳。花序常由小穗排成穗状、总状、指状或圆锥状；小穗由小穗轴和 2 个或多个苞片以及花组成；最下两苞片无雌蕊雄蕊，称颖片，很少有 1 或 2 颖片都退化或完全消失，颖片上 1 至多数包有雌雄蕊的苞片，称外稃；外稃对面常有另 1 苞片，称为内稃，颖和外稃基部质地坚厚部分，称基盘；外稃与内稃中有 2 或 3 枚小薄片，很少 6 枚小薄片（相当于花被片），称鳞被或浆片；由外稃及内稃包裹浆片、雄蕊和雌蕊组成小花，小花单性或两性；雄蕊通常 3 枚，很少 1、2、4 或 6 枚；子房 1 室，花柱 2，很少 1 或 3；柱头常为羽毛状或帚刷状。果实的果皮常与种皮密接，称颖果，少数种类的果皮与种皮分离（如鼠尾粟属）称囊果。

一、牛筋草（图 2 - 1）

【别名】蟋蟀草

【形态特征】

茎秆丛生，斜生或卧生，有的近直立，株高 15 ~ 90 cm。叶片条形；叶鞘扁，鞘口具毛，叶舌短。穗状花序 2 ~ 7 枚，呈指状排列在秆端；穗轴稍宽，小穗成双行密生在穗轴的一侧，有小花 3 ~ 6 个；颖和稃无芒，第一颖片较第二颖片短，第一外稃有 3 脉，具脊，脊上粗糙，有小纤毛。颖果卵形，棕色至黑色，具明显的波状皱纹。种子繁殖。

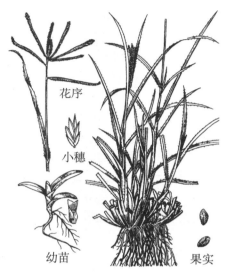

图 2 - 1　牛筋草

【生物学特性】

一年生草本。种子萌发的适宜温度为 20 ~ 40℃，最适土壤深度为 0 ~ 1 cm，土层 3 cm 以下的种子不能萌发，最适土壤含水量为 10% ~ 40%。在我国中北部地区 5 月初出苗，并很快形成第一次出苗高峰，而后于 9 月出现第二次高峰。一般颖果于 7 ~ 10 月陆续成熟，边成熟边脱落，部分随流水、风力和动物传播。种子经冬季休眠后萌发。

【分布与危害】

遍布全国各地，生于苗圃、路边和荒地。但以黄河流域和长江流域及其以南地区发生为多,是主要的苗圃杂草之一。牛筋草常与马唐、反枝苋、藜一起为害作物,主要危害作物有豆类、瓜类、蔬菜、果树等,也是锈病、黏虫、稻飞虱的寄主。

【化学防除指南】

适用化学除草剂有禾草灵、稳杀得、豆科威、拉索、都尔、丁草胺、扫弗特、杀草丹、莠去津、恶草灵、广灭灵、茅草枯、草甘膦、灭草猛、西玛津、盖草能等。

二、马唐（图2-2）

【别名】抓地草、须草

【形态特征】

成株 茎秆基部展开或倾斜,丛生,着地后节部易生根,或具分枝,光滑无毛。叶舌膜质,先端钝圆,长1~2 mm。叶鞘松弛包茎,大都短于节间,疏生疣基软毛。叶片带状披针形,两面

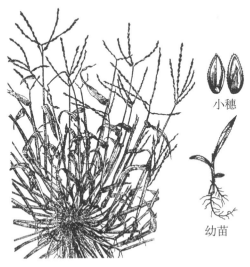

小穗

幼苗

图2-2 马唐

疏生软毛或无毛。总状花序 3 ~ 10 枚，指状着生秆顶；小穗披针形，双生；第 1 颖微小，第 2 颖长约为小穗的一半或稍短，边缘有纤毛；第 1 外稃与小穗等长，具 5 ~ 7 脉，脉间距离不均，无毛；第 2 外稃边缘膜质，覆盖内稃。颖果椭圆形，有光泽。

幼苗 暗绿色，全体密生柔毛。第 1 片真叶卵状披针形，长 6 ~ 8 mm，有 19 条直出平行脉，自第 2 叶渐长。5 ~ 6 叶开始分蘖，分蘖数常因环境差异而不等。

【生物学特性】

种子繁殖，一年生草本。种子发芽适宜温度为 25 ~ 35℃，因此多在初夏发生。适宜的出苗深度为 1 ~ 6 cm，以 1 ~ 3 cm 发芽率最高。

在华北地区，马唐在 4 月末至 5 月初出苗，5 ~ 6 月出现第 1 个高峰，以后随降雨、灌水或进入雨季还要出现 1 ~ 2 个出苗高峰，6 ~ 11 月抽穗、开花、结实。种子边成熟边脱落，可以借风力、水流和动物活动传播扩散，繁殖力强。

【分布与危害】

全国各地均有分布，发生数量、分布范围在旱地杂草中均居首位，是苗圃的主要杂草之一。马唐也是棉铃虫、稻飞虱的寄主植物，并能感染粟瘟病、小麦雪腐病和菌核病，是这些病原菌的中间寄主。

【化学防除指南】

敏感除草剂有禾草灵、稳杀得、拉索、都尔、乙草胺、敌稗、氟乐灵、恶草灵、草甘膦、灭草胺、盖草能、伏草隆等。

三、双穗雀稗（图 2 - 3）

【别名】红绊根草、水扒根

【形态特征】

成株 具根茎和匍匐茎，秆匍匐地面，节上生根。花枝高

20～60 cm，较粗壮。叶鞘松弛，压扁，背部有脊，仅边缘的上部被纤毛。叶线形至披针形，平展。总状花序长 3.0～6.5 cm，通常两个生于总轴顶端。小穗成两行排列于穗轴一侧，椭圆形，长约 3.5 mm，先端急尖。

果实 颖果褐色，长椭圆形，长约 2.3 mm，宽约 1.2 mm。

幼苗 留土萌发，裹着棕色胚芽鞘的胚芽，首先伸出地面，后从其顶端穿出第 1 片真叶，叶片呈带状披针形，先端锐尖，具12 条直出平行叶脉，叶鞘一侧边缘有长柔毛，另一侧无。叶舌极短，呈三角形，无叶耳，但两侧有绵毛。第 2 片真叶与第 1 片真叶基本相似。

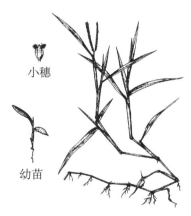

小穗

幼苗

图 2-3 双穗雀稗

【生物学特性】

多年生草本。主要以根茎和匍匐茎繁殖，1 株根茎平均具有30～40 个节，最多达 70～80 个节，每节 1～3 个芽，每芽都可以长成新枝，因此双穗雀稗的繁殖力极强，蔓延迅速，很快形成群落。

【分布与危害】

主要分布于秦岭、淮河一线以南地区。是草坪的顽固性杂草，也常以单一群落生于低洼湿润沙土地及水边，形成草害，直至草荒。

【化学防除指南】

敏感除草剂有禾草克、西玛津、恶草灵、百草枯、茅草枯、草甘膦、稳杀得、敌草隆、莠去津等。

四、白茅（图2-4）

【别名】茅草、茅针、茅根、红茅公

【形态特征】

成株 匍匐根状茎，白色或黄白色，有甜味。秆丛生、直立，高28～80 cm，具2～3节，节上有4～10 mm柔毛。叶带状或带状披针形，叶背主脉突出。叶鞘无毛或上部边缘和鞘口具纤毛，老熟时基部常破碎成纤维状；叶舌膜质，钝头，长约1 mm。圆锥花序圆柱状，长5～20 cm，直径1.5～3.0 cm，分枝短而密集；小穗一具长柄，一具短柄，孪生于各节，小穗基部密生丝状毛，内含2朵小花，仅第2小花结实。

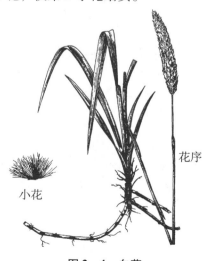

花序

小花

图2-4 白茅

　　果实　带稃颖果，基部密生长 7.8～12 mm 的白色丝状柔毛，第二颖边缘亦具纤毛。具宿存柱头 2 枚，黑紫色。

　　幼苗　第一片真叶长椭圆形，具 13 条平行叶脉，中脉明显，边缘略粗糙，略带紫色。叶舌干膜质，呈半圆形。第 2～3 片真叶为线状披针形。

　　【生物学特性】

　　多以根状茎繁殖，也可以种子繁殖，多年生草本。种子萌发以 18℃ 为最适温度，根茎发芽以 15～24℃ 为最适温度，低于 6～9℃ 时生长缓慢。在华北地区，白茅一般于 4 月上旬发芽出土，4～5 月抽穗开花，秋季成熟。白茅抗逆性强，繁殖力旺盛，匍匐状根茎蔓延迅速。种子细小，成熟后随风飞散，落地后即可发芽。

　　【分布与危害】

　　国内各省均有分布。生于山坡、草地、路旁或园田中。对果园、苗圃和草坪为害较重。

　　【化学防除指南】

　　敏感除草剂有草甘膦、西玛津、阿特拉津、茅草枯、扑草净等。

五、狗牙根（图 2－5）

　　【别名】绊根草、爬根草

　　【形态特征】

　　成株　有地下根茎。茎匍匐地面，上部及着花枝斜向上，花序轴直立。叶鞘有脊，鞘口常有柔毛；叶舌短，有纤毛；叶片线形，互生，下部因节间短缩似对生。穗状花序，3～6 枚呈指状簇生于秆顶，小穗灰绿色或带紫色，长 2～2.5 mm，通常有 1 小花，颖在中脉处形成背脊，有膜质边缘，长 1.5～2 mm，和第二颖等长或稍长；外稃草质，与小穗等长，具 3 脉，脊上有毛，内稃与外稃几等长，有 2 脊；花药黄色或紫色。

果实 颖果矩圆形，长约 1 mm，淡棕色或褐色，顶端具宿存花柱，无毛茸；脐圆形，紫黑色；胚矩圆形，凸起。

幼苗 子叶留土；第一片真叶带状，先端急尖，缘具极细的刺状齿，叶片有 5 条直出平行脉；叶舌膜质环状，顶端细齿裂，鞘紫红色；第二片真叶线状披针形，有 9 条直出平行脉。

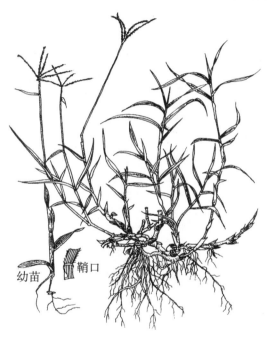

幼苗　鞘口

图 2－5　狗牙根

【生物学特性】

多年生草坪杂草。植株低矮，生长力强，具根状茎或细长匍匐枝。夏、秋季蔓延迅速，节间着地均可生根。叶色浓绿，5～7 月陆续抽出花序，秆高 12～15 cm。花序穗状，结实能力极差，种子成熟后易于脱落，具有一定的自播能力。

【分布与危害】

广布于世界暖温带及亚热带地区。我国主要分布于黄河流域及以南各省。为草坪和果园主要杂草之一，由于其植株的根茎和匍匐茎着土，即又生根复活，难以防除。

【化学防除指南】

可用恶草灵、一雷定、百草枯、草甘膦等药剂进行防除。

六、看麦娘（图2-6）

【别名】麦娘娘、麦坨坨、稍草、牛毛草、棒槌草

【形态特征】

成株 秆疏丛生，细弱光滑，基部常膝曲状，株高15～40 cm。须根细软。叶鞘松弛，通常短于节间。叶舌薄膜质，长2～5 mm。叶片近直立，扁平，质薄，长3～13 cm，宽2～6 mm。圆锥花序狭圆柱状，灰绿色。小穗椭圆形或卵状长圆形。颖膜质，基部互相联合，具3脉。外稃膜质，等长或稍长于颖，其下部边缘互相联合。芒长2～3 mm，约于稃体下部1/4处伸出，隐藏或略伸出颖外。花药橙黄色。

果实 颖果长椭圆形，暗灰色，长1.0～1.4 mm。

幼苗 第一片真叶带状，先端钝，长10～15 mm，宽0.4～0.6 mm，无毛；第二、第三叶片线形，先端尖锐，长18～22 mm，宽0.8～1.0 mm，叶舌薄膜质。

【生物学特性】

二年生或一年生草本。种子繁殖，发芽适宜温度为15～20℃；适宜土层深度0～2cm。以幼苗或种子越冬，种子休眠期为3～4个月。华北地区11月至翌年2月为苗期，其中，11月为第一出苗高峰，4～5月为花果期，5～6月成熟。子实随熟随落，落地后借风力、灌溉浇水进行传播。

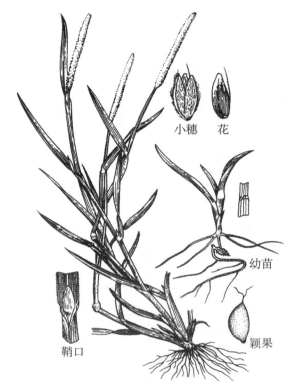

小穗　花

幼苗

颖果

鞘口

图 2 - 6　看麦娘

【分布与危害】

主要分布于华东、中南地区及云南、四川、陕西、河南、河北等地，是园林花圃中的主要杂草之一。看麦娘还是黑尾叶蝉、白翅叶蝉、灰飞虱、稻蓟马、稻小潜叶蝇、麦田蜘蛛的寄主，并且是矮缩病的中间寄主。

【化学防除指南】

适用化学除草剂有禾草灵、大惠利、绿麦隆、杀草丹、西玛津、捕草净、伏草隆、异丙隆、禾草克、盖草能、稳杀得、拿捕净、骠马等。

七、稗（图2-7）

【别名】稗草、扁扁草、稗子、野稗

【形态特征】

成株 秆直立或斜生，有时基部膝曲，丛生，光滑无毛，株高50~130 cm。叶片条形，中脉白色，叶鞘光滑，无叶舌。圆锥花序较开展，粗壮，直立或微弯，主轴具棱，基部被有疣基硬刺

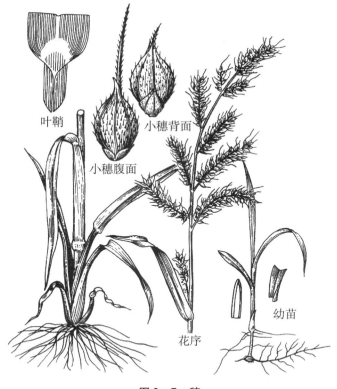

图2-7 稗

毛，分枝为穗形总状花序。小穗密集于穗轴的一侧，近无柄，绿色或带紫色，含 2 小花，第一小花雄性或中性，第二小花两性。第一颖三角形，长约为小穗的 1/3，具 3 脉或 5 脉；第二颖有长尖头，具 5 脉，与第一小花的外稃近等长。

果实 颖果白色、黄色或黄褐色，长 2.5 ~ 3.5 mm，宽 1.5 ~ 2.0 mm，椭圆形，凸面有纵脊。

幼苗 子叶留土。第一片真叶线状披针形，有 15 条直出平行脉，叶鞘长 3.5 cm，叶片与叶鞘间的分界不明显，无叶耳、叶舌；第二片真叶与前者相似。

【生物学特性】

一年生草本。种子繁殖。春季气温 11℃ 以上时开始出苗，正常出苗的杂草大致在 7 月上旬抽穗、开花，8 月初果实逐渐成熟。稗草的生命力极强。种子具有多种传播途径。种子成熟不一致，成熟后逐次自然脱落，随流水和风力传播，或通过作物种子调运等传播。

【分布与危害】

我国各地均有分布，是菜园、果园和苗圃的主要杂草之一。

【化学防除指南】

适用化学除草剂有禾草灵、豆科威、拉索、乙草胺、扫弗特、绿麦隆、捕草净、禾大壮、恶草灵、禾田净、敌稗等。

八、千金子（图 2 - 8）

【别名】绣花草、畦草

【形态特征】

成株 根须状。株高 30 ~ 90 cm。秆丛生，直立，平滑无毛，基部膝曲或倾斜，着土后节上易生不定根。叶鞘无毛，多短于节间；叶舌膜质，撕裂状，有小纤毛；叶片扁平或有卷折，先端渐尖。圆锥花序长 10 ~ 30 mm，主轴和分枝均微粗糙。小穗多带紫色，长 2 ~ 4 mm，有 3 ~ 7 朵小花。第一颖长 1.0 ~ 1.5 mm；第二颖长 1.2 ~ 1.8 mm，短于第一外稃。外稃先端钝，具 3 脉，无毛或下部有微毛。第一外稃长约 1.5 mm。

果实　颖果长圆形，长约 1 mm。

幼苗　子叶留土。第一片真叶长椭圆形，长 3 ~ 7 mm，宽 1 ~ 2 mm，有 7 条直出平行叶舌，膜质环状，顶端齿裂，叶鞘短，长仅 1.5 mm，边缘白色膜质，亦具 7 脉。

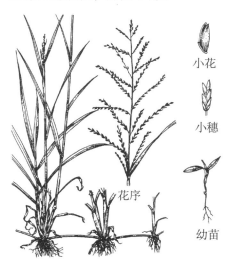

小花

小穗

花序

幼苗

图 2 - 8　千金子

【生物学特性】

种子繁殖，一年生草本。千金子种子萌发需求温度较高，适宜温度在 20℃ 左右，长江中下游地区 5 ~ 6 月出苗，6 月中下旬出现高峰，8 ~ 11 月陆续开花、结果或成熟。子实随熟随落，借水流、风力传播。种子经越冬休眠后萌发。

【分布与危害】

分布于华东、华中、华南、西南及陕西、河南等地，为花圃中的主要杂草之一。

【化学防除指南】

化学除草剂可选用丁草胺、拉索、都尔、扫弗特、敌稗、大惠利、氟乐灵、茅毒、捕草净、恶草灵、排草净、杀草丹、茅草枯、百草枯、敌草隆、西玛津、赛克津、都阿混剂等。

九、狗尾草（图2-9）

【别名】谷莠子、绿狗尾草、狗毛草、狗尾巴草

【形态特征】

成株 秆疏丛生，直立或倾斜，株高 30～100 cm。叶舌膜质，长 1～2 mm，具毛环；叶片条状披针形，顶端渐尖，基部圆

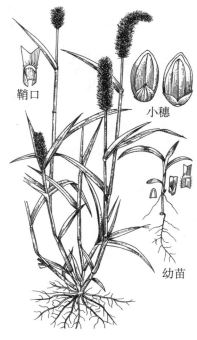

图2-9 狗尾草

形；叶鞘松弛。圆锥花序紧密，呈圆柱状，直立或微倾斜。小穗长 2~2.5 cm，2 至数枚成簇生于缩短的分枝上，基部有刚毛状小枝 1~6 条，成熟后与刚毛分离而脱落。第一颖长为小穗的 1/3，具 1~3 脉；第二颖与小穗等长或稍长，具 5~6 脉。第一小花外稃与小穗等长，具 5 脉；第二小花外稃较第一小花外稃短，边缘卷抱内稃。

果实 颖果近卵形，腹面扁平，脐圆形，乳白色带灰色，长 1.2~1.3 mm，宽 0.8~0.9 mm。

幼苗 第一叶倒披针状椭圆形，先端尖锐，长 8~9 mm，宽 2.3~2.8 mm，绿色，无毛，叶片近地面，斜向上伸出；第二、第三叶狭倒披针形，先端尖，长 20~30 mm，宽 2.5~4.0 mm，叶舌毛状，叶鞘无毛，被绿色粗毛。叶耳处有紫红色斑。

【生物学特性】

一年生草本，种子繁殖。种子发芽适宜温度为 15~30℃，出土适宜深度为 2~5 cm，土壤深层未发芽的种子可存活 10 年以上。我国北方 4~5 月出苗，以后随浇水或降雨还会出现出苗高峰；6~9 月为花果期。种子借风力、灌溉浇水及收获物进行传播。种子经冬眠后萌发。适生性强，耐旱耐贫瘠，酸性或碱性土壤均可生长。

【分布与危害】

广布全国各地，为果园、花圃主要杂草之一。是黏虫和小地老虎的寄主，又为水稻细菌性褐斑病及粒黑穗病病原体的传播媒介。

【化学防除指南】

敏感除草剂有禾草灵、禾草克、豆科威、拉索、都尔、敌稗、氟乐灵、西玛津、捕草净、恶草灵、扫弗特、大惠利、草甘膦、灭草猛、茅草枯、绿麦隆、一雷定等。

十、白羊草（图2-10）

【别名】白草、茎草

【形态特征】

成株 有时有下伸短根茎。秆丛生，直立或基部膝曲，高 25～80 cm；具3至多节，节无毛或具白色短毛。叶片狭条形，宽 2～3 mm。叶鞘无毛；叶舌膜质，具纤毛。总状花序具多节，多数簇生茎顶，通常带紫色，下部的长于主轴；穗轴逐节断落，节间与小穗柄都有纵沟，两侧均具白色丝状毛，小穗成对生于各节，一有柄，一无柄；无柄小穗长4～5 mm，基盘钝；第一颖背部稍下陷，不具孔穴，两侧上部有脊，芒自细小的第二外稃顶端伸出，长 10～15 mm，膝曲；有柄小穗不孕，色较无柄小穗深，无芒。

穗轴节间

植株

图2-10 白羊草

果实 颖果长圆状倒卵形，黄褐色。

幼苗 子叶留土。第一片真叶线状披针形，先端锐尖，有 19 条直出平行脉，叶片、叶鞘均光滑无毛，叶舌膜质透明，呈三角形，无叶耳，第二、第三片真叶的叶片与叶鞘相接处的两侧有劲直的长毛，其他与第一真叶相似。

【生物学特性】

多年生草本。花果期 7 ~ 10 月。以根状茎和种子繁殖。

【分布与危害】

分布几乎遍及全国。生于山坡、草地或路边。为果园、茶园、苗圃及路埂常见杂草，发生量较大，为害较重。

【化学防除指南】

敏感除草剂有稳杀得、盖草能、禾草克、拿捕净、氟乐灵、乙丁烯氟灵、赛克津、百草枯、茅草枯、草甘膦等。

十一、升马唐（图 2 – 11）

【别名】拌根草

【形态特征】

成株 秆基部横卧地面，节处生根和分枝，高 30 ~ 90 cm。叶鞘常短于其节间，多少被柔毛，叶舌长约 2 mm；叶片线形或披针形，长 5 ~ 20 cm，宽 3 ~ 10 mm，上面散生柔毛，边缘稍厚，微粗糙。总状花序 5 ~ 8 枚，长 5 ~ 12 cm，呈指状排列于茎顶；穗轴宽约 1 mm，边缘粗糙；小穗披针形，长 3 ~ 3.5 mm，孪生于穗轴之一侧，小穗柄微粗糙，顶端截平；第一颖小，三角形；第二颖披针形，长约为小穗的 2/3，具 3 脉，脉间及边缘生柔毛；第一外稃等长于小穗，具 7 脉，脉平滑，中脉两侧的脉间较宽而无毛，其他脉间贴生柔毛，边缘具长柔毛；第二外稃椭圆状披针形，革质，黄绿色或带铅色，顶端渐尖，等长于小穗，花药长 0.5 ~ 1 mm。

果实 颖果，长约 2.1 mm，约为其宽的 2 倍。

幼苗 淡绿色，疏被柔毛，第一叶长约 1.5 cm，宽为 2.5 ~

3.5 mm，第二叶长约3 cm；叶舌膜质，顶端具微细齿，叶鞘稍压扁，色较浓。

植株　小穗

图2-11　升马唐

【生物学特性】

一年生草本，花果期5~10月；种子繁殖。

【分布与危害】

分布于我国南北各省（区）；广布于世界的热带、亚热带地区；多生于路旁、荒野、荒坡，也是果园和旱作物地的主要恶性杂草。

【化学防除指南】

敏感除草剂有禾草灵、稳杀得、盖草能、禾草克、拿捕净、拉索、都尔、乙草胺、毒草胺、杀草胺、豆科威、敌稗、大惠利、氟乐灵、地乐胺、西玛津、草净津、赛克津、捕草净、恶草灵、广灭灵、圃草定、茅草枯、草甘膦、枯草多、灭草胺、都莠混剂等。

十二、画眉草（图2-12）

【别名】星星草、蚊子草

【形态特征】

成株 植物体不具腺体，无鱼腥味。秆丛生，直立或基部膝曲上升，高15~60 cm。叶鞘疏松裹茎，长于或短于节间，扁压，鞘口有长柔毛，叶舌为一圈纤毛，长约0.5 mm；叶片线形扁平或内卷，长6~20 cm，2~3 mm，无宽毛。圆锥花序较开展，长10~25 cm，分枝单生、簇生或轮生，腋间有长柔毛；小穗长3~10 mm，有4~14小花，成熟后暗绿色或带紫色；颖膜质，披针形，第一颖长约1 mm，无脉；第二颖长约1.5 mm，具1脉；第一外稃广卵形，长约2 mm，具3脉；内稃长约1.5 mm，稍作弓形弯曲，脊上有纤毛，迟落或宿存；雄蕊3，花药长约0.3 mm。

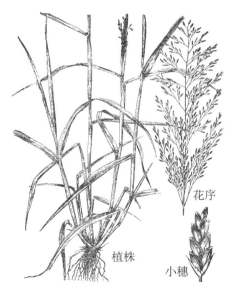

花序

植株

小穗

图2-12 画眉草

果实　颖果长圆形，长约 0.8 mm。

幼苗　子叶留土。第一片真叶线形，长 1 cm，宽 0.8 mm，先端钝尖，叶缘具细齿，直出平行脉 5 条；叶鞘边缘上端有柔毛，无叶舌、叶耳；第二片真叶线状披针形，直出平行脉 7 条，叶舌、叶耳均呈毛状；第三叶与前者相似。

【生物学特性】

一年生草本。花果期 8 ~ 11 月。种子繁殖。

【分布与危害】

分布于全国各地和全世界温暖地区。喜生于湿润而肥沃的土壤，常见于苗圃、田边、路旁和荒芜田野草地上，发生量较小，危害轻。

【化学防除指南】

敏感除草剂有禾草灵、稳杀得、盖草能、禾草克、拿捕净、豆科威、都尔、氟乐灵、安磺灵、伏草灵、莠去津、草净津、杀草净、草甘膦等。

十三、早熟禾（图 2 - 13）

【别名】小鸡草

【形态特征】

成株　植株矮小；秆丛生，直立或基部稍倾斜，细弱，高 7 ~ 25 cm。叶鞘光滑无毛，常自中部以下闭合，长于节间，或在中部的短于节间；叶舌薄膜质，圆头形，长 1 ~ 2 mm；叶片柔软，先端船形，长 2 ~ 10 cm，宽 1 ~ 5 mm。圆锥花序开展，每节有 1 ~ 3 分枝，分枝光滑，小穗长 3 ~ 6 mm，有 3 ~ 5 小花；颖有宽膜质边缘；第一颖长 1.5 ~ 2 mm，具 1 脉，第二颖长 2 ~ 2.5 mm，具 3 脉；外稃卵圆形，先端有宽膜质边缘，脊及边脉中部以下有长柔毛，基盘无绵毛；内稃与外稃等长或稍短，2 脊有长而密的柔毛。

果实　颖果纺锤形，具三棱，深黄褐色，长 1.1 ~ 2 mm，宽约0.5 mm；顶部钝圆，具毛茸；胚小，椭圆形，略突起；种脐圆形，腹面凹陷。

幼苗　子叶留土。胚芽鞘膜质，透明，先端偏斜；初生叶线状披针形，略内折，先端舟形，长1.5～2.2 cm，宽0.6 mm，有3条直出平行脉；叶鞘光滑，中下部闭合，淡绿色，常带紫色；叶舌膜质，三角形；无叶耳。

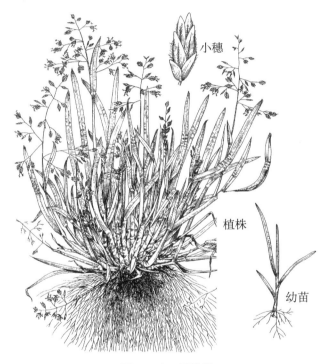

小穗

植株

幼苗

图2-13　早熟禾

【生物学特性】

二年生草本；苗期秋末，冬初，北方地区可迟至翌年春天萌发，一般早春抽穗开花，果期3～5月。

【分布与危害】

几乎广布于全国。为夏熟作物田及蔬菜苗圃地杂草，亦常发生于路边、宅旁。亦是世界广布性杂草。

【化学防除指南】

敏感除草剂有稳杀得、盖草能、禾草克、拿捕净、都尔、毒草胺、萘草胺、大惠利、氟乐灵、除草通、燕麦灵、环草特、西玛津、草净津、赛克津、杀草敏、圃草定、都莠混剂等。

十四、棒头草（图2-14）

【别名】地麦、落帚、扫帚苗。

【形态特征】

成株 秆丛生，光滑无毛，高15～75 cm。叶鞘光滑无毛，

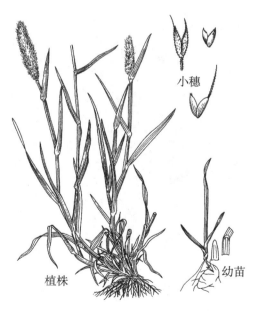

小穗

植株   幼苗

图2-14　棒头草

大都短于或下部长于节间，叶舌膜质，长圆形，长 3 ~ 8 mm，常 2 裂或顶端呈不整齐的齿裂；叶片扁平，微粗糙或背部光滑，长 5 ~ 16 cm，宽 4 ~ 9 mm。圆锥花序穗状，长圆形或兼卵形，较疏松，具缺刻或有间断；小穗长约 2.5 mm（连同基盘），灰绿色或部分带紫色，颖几相等，长圆形，全部粗糙，先端 2 浅裂，芒从裂口伸出，细直，微粗糙，长 1 ~ 3 mm，外稃光滑，长约 1 mm，先端具微齿，中脉延伸成长约 2 mm 的细芒，芒微粗糙，易脱落，花药长 0.7 mm。

果实　颖果椭圆形，一面扁平，长约 1 mm。

幼苗　第一片真叶带状，长约 33 mm，宽约 0.5 mm，先端急尖，有 3 条直出平行脉，叶舌裂齿状，无叶耳。

【生物学特性】

一年生草本。4 ~ 6 月开花。种子繁殖。

【分布与危害】

多发生于潮湿之地。除东北、西北外广布于全国各省（区、市）。

【化学防除指南】

敏感除草剂有稳杀得、盖草能、禾草克、拿捕净、氟乐灵、绿麦隆、西玛津、草净津、百草枯、茅草枯、草甘膦等。

十五、鹅观草（图 2 – 15）

【别名】弯穗鹅观草、莓串草

【形态特征】

成株　根须状，秆丛生，直立或基部倾斜，高 30 ~ 100 cm，叶鞘光滑，长于节间或上部的较短，外侧边缘常具纤毛；叶舌长仅 0.5 mm，纸质，截平，叶片长 5 ~ 40 cm，宽 3 ~ 13 mm，通常扁平，光滑或较粗糙；穗状花序长 7 ~ 20 cm，下垂，穗轴节间长 8 ~ 16 mm，基部的可长达 25 mm，边缘粗糙或具短纤毛；小穗绿色或带紫色，长 13～25 mm（芒除外），有 3～10 小花，小穗轴节间长 2～2.5 mm，被微小短毛；颖卵状披针形至长圆状披针形，先端锐尖，渐尖至具短芒（芒长 2～7 mm），具 3～5 明显而粗壮的脉，中脉上端常粗糙，边缘具白色的膜质，第一颖长 4～6 mm，第二颖长 5～9 mm（芒除外）；外稃披针形，具有较宽的膜质边缘，背部以及基盘均近于无毛，或仅基盘两侧具有极微小的短毛，上部具明显的 5 脉，脉上稍粗糙，第一小花外稃长 8～11 mm，先端延伸成芒，芒粗糙，劲直或上部稍有曲折，长 20～40 mm；内稃稍长或稍短于外稃，先端钝头，脊显著具翼，翼缘具有细小纤毛；子房先端具毛茸，倒卵状长圆形，长约 2 mm。

小穗　　　　　植株

图 2－15　鹅观草

【生物学特性】

多年生草本。早春抽穗。种子繁殖为主。

【分布与危害】

除新疆维吾尔自治区（简称新疆）、青海省、西藏自治区（简称西藏）外，几乎遍布全国。多生于山坡或湿润草地上。为一般性杂草。

【化学防除指南】

敏感除草剂有稳杀得、盖草能、禾草克、拿捕净、百草枯、茅草枯、草甘膦等。

第二节　菊科杂草

菊科杂草多为草本、灌木，少有乔木，有些种类有乳汁管或脂道。叶互生，少对生或轮生，全缘至分裂，无托叶或有时叶柄基部扩大成托叶状称假托叶。花无柄，两性、单性或中性，少或多数聚集成头状或缩短的穗状花序，为1至数层总苞片组成的总苞所围绕，头状花序单生或再排成各种花序；花序托也称花托（花序柄扩大的顶部，平坦或隆起），有或无窝孔，有或无托片（即小苞片）；花萼退化成鳞片状、刺毛状或毛状，称冠毛；花冠合生，管状、舌状或唇形；头状花序由同形花（全为管状花）或异形花（通常由外围缘花舌状和中央盘花管状）组成；雄蕊4~5着生花冠管上，花药联合成筒状（聚药雄蕊），顶端有或无药隔延伸的附属物，基部钝或有尾；子房下位，1室，有1直立胚珠，花柱顶端2裂。瘦果，顶端常有刺毛、羽毛或鳞片等，无胚乳，一般为2子叶，少有1子叶。

一、刺儿菜（图2-16）

【别名】小蓟、刺儿蓟、刺菜、小恶鸡婆

【形态特征】

成株　地下有深扎的直根，并有水平生长产生不定芽的根状茎。茎直立，株高 20 ~ 50 cm。幼茎被白色蛛丝状毛，有棱。叶互生，无柄，叶缘具齿，齿上生刺。基生叶早落。下部和中部叶椭圆状披针形，两面被白色蛛丝状毛，中、上部叶有时羽状浅裂。雌雄异株，雌花序较雄花序大，总苞片 6 层呈覆瓦状排列，外层甚短，苞片先端具刺，全为筒状。雌花花冠长约 26 mm，紫红色或淡红色。

果实 瘦果长椭圆形或长卵形，略扁，表面浅黄色至褐色，有波状横皱纹，每面具一条明显的纵脊。冠毛羽状，先端弯曲，白色。

幼苗 子叶出土，阔椭圆形，长 6.5 mm，宽 5.0 mm，稍歪斜，全缘，基部楔形。下胚轴发达，上胚轴不发育。初生叶 1 片，缘具齿状刺毛。随之出现的后生叶几与初生叶成对生。

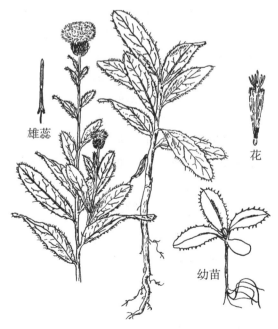

雄蕊

花

幼苗

图 2 - 16 刺儿菜

【生物学特性】

多年生草本，以根茎繁殖为主，种子繁殖为辅。以根茎或种子越冬。块茎发芽的温度范围 13 ~ 40℃，最适温度 30 ~ 35℃。在我国中北部地区，最早于 3 ~ 4 月出苗、5 ~ 9 月开花、结果，6 ~ 10 月果实渐次成熟。种子有冠毛可借风力进行传播。实生苗当年只进行营养生长，第二年才能抽茎开花。再生能力强，地上部被铲除或地下根茎被切断后可再生成新的植株。

【分布与危害】

全国均有分布和危害，以北方更为普遍和严重。为草坪和果园的主要杂草。刺儿菜也是棉蚜、地老虎和烟草线虫、向日葵菌核病病原体的寄主。

【化学防除指南】

敏感除草剂有豆科威、克阔乐、捕草净、百草枯、伴地农、都莠混剂等。

二、小飞蓬（图 2 - 17）

【别名】 小蓬草、小白酒草、加拿大蓬、飞蓬

【形态特征】

成株　株高 40 ~ 110 cm。茎直立，有细条纹及脱落性粗糙毛，上部多分枝。叶互生。基部叶近匙形，上部叶线形或线状披针形，无明显的叶柄，全缘或有微锯齿裂，边缘有长睫毛。头状花序，直径约 4 mm，有短梗，多数密集成圆锥状或伞房圆锥状花序；总苞片 2 ~ 3 层，线状披针形，边缘膜质，无毛；缘花雌性，细筒状，无舌片，白色或紫色；盘花两性，微黄色。

果实　瘦果长圆形，稍扁平，长 1.2 ~ 1.5 mm，淡褐色，被微毛；冠毛 1 层，长 2.5 ~ 3.0 mm，污白色，刚毛状。

幼苗　子叶对生，椭圆形或卵圆形，长 3 ~ 4 mm，宽 1.5 ~ 2.0 mm，基部逐渐狭窄成叶柄。下胚轴不发达，上胚轴不发育。

初生叶 1 片，椭圆形，长 5 ~ 7 mm，宽 4 ~ 5 mm，先端有小尖头，两面疏生有毛，边缘有纤毛，基部有细柄。第二后生叶矩圆形，叶缘出现 2 个小尖齿。

瘦果

花序　　　幼苗

图 2 - 17　小飞蓬

【生物学特性】

一年生或二年生草本。花果期为 7 ~ 10 月。种子繁殖，以幼苗或种子越冬。

【分布与危害】

分布于东北、华北、华东和华中。多生于干燥、向阳的土地，是草坪和果园、茶园的主要杂草，夏秋季发生危害。

【化学防除指南】

采用敏感性除草剂百草敌、苯达松等进行防除。

三、一年蓬（图 2 - 18）

【别名】千层塔

【形态特征】

成株　全株被硬毛，茎直立，上部有分枝，株高 30 ～ 110 cm。基生叶长圆形或卵状披针形，先端钝，基部狭窄并下延成狭翼，叶缘有粗锯齿；茎生叶较小，互生，披针形或线状披针形，有少数锯齿，具短柄或近无柄；上部叶多为线形，全缘，有睫毛。头状花序排列成伞房状或圆锥状。总苞半球形，总苞片 3 层。缘花舌状，2 至数层，雌性，舌片线形，白色略带紫晕；心花管状，两性，黄色。

管状花　舌状花

幼苗

图 2 – 18　一年蓬

果实　瘦果具浅色翅状边缘，长圆形至倒窄卵形，有一层极短的鳞片状冠毛和 10 ～ 15 条糙毛。浅黄色或褐色，有光泽。果脐周围有污白色小圆筒。

幼苗　子叶阔卵形，无毛，具短柄。下胚轴明显，上胚轴不育。初生叶 1 片，倒卵形，全缘，有睫毛，腹面密被短柔毛。后生叶阔椭圆形，叶缘微波状。

【生物学特性】

一年生或二年生草本，种子繁殖。

【分布与危害】

分布于东北、华北、华中、华东、华南及西南等地。是草坪、果园和茶园的主要杂草，也是地老虎的主要寄主之一。

【化学防除指南】

采用敏感性除草剂苯达松、百草敌等进行化学防除。

四、蒲公英（图2-19）

【别名】黄花地丁、蒲公草

【形态特征】

成株 主根圆锥形，粗壮，可形成不定根。全株具乳汁。茎极短，叶基生，排列成莲座状，倒披针形或长圆状倒披针形，倒向羽状分裂，基部渐狭成短柄，边缘有齿，两面疏被蛛丝状毛或无毛。花葶2~3条，直立，中空，上端有毛。头状花序单生于葶顶。总苞淡绿色，钟状，内层总苞片长于外层。黄色舌状花，背面有紫红色条纹。

瘦果

舌状花

图2-19　蒲公英

果实　瘦果椭圆形至倒卵形，暗褐色。横切面菱形或椭圆形，具纵棱 12～15 条，并有横纹相连，棱上有小突起，顶端具细长的喙。末端具白色冠毛。果脐凹陷。

幼苗　子叶对生，阔卵形，叶缘紫红色，叶柄短。初生叶 1 片，近圆形，顶端钝圆，基部阔楔形，边缘有细齿。第一后生叶与初生叶相似，继之出现的后生叶变化很大。

【生物学特性】

多年生草本。以种子及地下芽繁殖。早春开花，花后不久即结实，花葶陆续发生，直至晚秋尚见有花。

【分布与危害】

分布于东北、华北、华东、华中、西北及西南等地。为草坪、地边和路旁常见的杂草，但发生数量小，危害一般不很严重。另外，蒲公英也是叶螨、棉铃虫、棉蚜、甘薯茎线虫和烟草线虫的中间寄主。

【化学防除指南】

采用敏感性除草剂百草敌、百草枯、草甘膦等进行化学除草。

五、飞廉（图 2-20）

【别名】丝毛飞廉

【形态特征】

成株　株高 40～150 cm。茎直立，粗状有分枝，具条棱，上部或头状花序下方有蛛丝状毛或蛛丝状绵毛。基生叶莲座状，茎生叶互生，椭圆形、长椭圆形或倒披针形，羽状深裂或半裂，侧裂片 7～12 对，缘具大小不等的三角状刺齿，齿端及齿缘有浅褐色或淡黄色的针刺。全部茎生叶两面异色，上面绿色，沿脉具稀长毛，下面灰绿色或浅灰白色，被薄蛛丝状绵毛，基部渐狭，两侧沿茎下延成茎翼，茎翼边缘齿裂，齿顶及齿缘有针刺。头状花序通常3～5个集生于枝端或茎端。总苞卵形或卵球形，中、外层总苞片狭窄。花红色或紫色，长1.5 cm，花冠5深裂。

果实　瘦果稍压扁，楔状椭圆形，长约4 mm，顶端斜截形，有软骨质果缘，无锯齿。冠毛多层，白色，不等长，呈锯齿状，顶端扁平扩大，基部联合成环，整体脱落。

幼苗　子叶阔椭圆形，先端钝圆，叶基圆形，中脉1条，具短柄。下胚轴较粗壮，粉红色，无毛；上胚轴不发育。初生叶1片，阔椭圆形，先端钝尖，叶缘有刺状粗齿，叶基楔形，中脉1条，无毛，具叶柄；后生叶与初生叶相似。

两性花

图2－20　飞廉

【生物学特性】

二年生或多年生草本。种子繁殖。

【分布与危害】

全国各地均有分布。生于荒野、路旁、苗圃、田边等处，较耐干旱。

【化学防除指南】

敏感除草剂有百草敌、苯达松、百草枯、伴地农等。

六、紫茎泽兰（图 2 –21）

【别名】破坏草、解放草、细升麻

【形态特征】

成株　茎直立，高 30～90 cm，分枝对生，斜上，被白色或锈色短柔毛。叶对生，叶片质薄，卵形、三角状卵形或菱状菱形，腹面绿色，背面色浅，两面被稀疏的短柔毛，在背面及沿叶脉处毛稍密，基部平截或稍心形，顶端急尖，基三出脉，边缘有

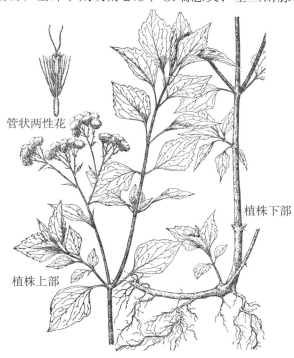

管状两性花

植株上部

植株下部

图 2 –21　紫茎泽兰

粗大圆锯齿，在花序下方则为波状浅齿缘或近全缘，叶柄长，长4～5 cm。头状花序在茎顶排列成伞房花序或复伞房花序，花序直径常为2～4 cm。总苞宽钟形，长3 mm，宽4 mm，含40～60朵小花；总苞片1层或2层，线形或线状披针形，长3 mm，先端渐尖。花序托凸起，呈圆锥状。管状花两性，淡紫色，花冠长3.5 mm，花药基部钝。

果实 瘦果黑褐色，长椭圆形，具5棱，长1.5 mm；冠毛白色，纤细，长约3.5 mm。

【生物学特性】

半灌木。于旱季（12月至翌年4月）开花结实，3～4月为结实盛期。种子繁殖，由于瘦果上有刺状冠毛，可藉风及粘于人衣物及畜皮毛而传播；在秆下部也能产生气生根，当地上部分被割除遗弃于地面时，气生根伸入土内而形成新植株，地上部分被拔除后，在根上也能产生不定芽，形成新的地上枝。

【分布与危害】

生长对土壤要求不严，是一种喜氮和喜湿的阳性植物。它是一种恶性杂草，常侵占草场，使优良牧草无力与其竞争而逐渐消失；牲畜误食茎、叶后能引起腹泻及气喘，花粉及瘦果进入眼睛及鼻腔后，引起糜烂流脓，乃至死亡。

【化学防除指南】

敏感除草剂有百草敌、苯达松、达克尔等。

七、豚草（图2－22）

【别名】艾叶破布草

【形态特征】

成株 茎高40～100 cm，直立，具细棱，常于上方分枝，被开展或贴附糙毛状的柔毛。叶下部对生，上部互生，二回至三回羽状深裂，裂片线形，两面均被细伏毛，或表面无毛。头状花序单性；雄头花序具长 1.8~2.2 mm 的细柄，于茎顶排列成总状，长 5~15 cm；雄花序总苞连合成浅碟状，径 2~2.5 cm，边缘浅裂，具缘毛，具雄花 15~20 朵；雄花高脚碟状，黄色，长 2 mm 左右，顶端 5 裂，雄蕊 5 枚，微有连合，药隔向顶端延伸成尾状。雌花序腋生于苞腋，常生于雄花序之下方；总苞略呈纺锤形，顶端尖锐，上方周围具 5~8 枚细齿，内包一雌花，雌花仅具一个雌蕊，花柱二裂，伸出总苞外方约 2 mm 左右。

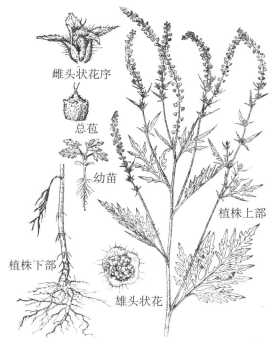

图 2-22　豚草

果实　瘦果倒卵形，长 2.5 mm，宽 2 mm，褐色有光泽，果皮坚硬、骨质，全部包被于倒卵形的总苞内。总苞浅灰褐色、浅黄褐色至红褐色；有时具黑褐色的斑纹。苞顶具一短粗的锥状喙，于其下方有 5~8 个直立的尖刺，苞体具稀疏的网状脉，且常有疏柔毛。

幼苗 子叶近圆形，稍肥厚，长 5~6 mm，宽 4.5~5 mm，无毛，表面无脉纹，基部下延成长约 3 mm 的子叶柄；下胚轴光滑，于干燥土壤上呈紫红色；上胚轴被细伏毛，第一对真叶对生，下具长柄，略具翅，叶片常为掌状三裂，顶端裂片二侧具二粗齿，有时侧裂片外侧各具一小裂片，在叶片及叶柄上下均具细伏毛，叶柄边缘具疏柔毛；第二对真叶亦对生，二回羽状深裂，叶片及叶柄上下均具细伏毛，叶柄边缘有长柔毛。

【生物学特性】

一年生草本。生育期约 5~6 个月，北方于 5 月出苗，7~8 月开花，8~9 月结实，平均每株产生种子 2 000~8 000 粒。植株上种子不断成熟而脱落。种子在土壤表面下 1~3 cm 深度处发芽力最高，在土表层 8 cm 下则不能发芽。

【分布与危害】

分布于东北三省、内蒙古、河北、安徽、江苏、浙江、江西、湖南、湖北、四川、贵州及西藏等省区；该种原产北美，今欧洲及日本等地也有。豚草适应性很强，于庭园、草坪、公园及路边等处均能生长，尤能耐瘠薄，于砂砾土壤上生长亦盛，本种在生育期内能吸收大量磷及钾。在开花时，产生大量花粉飞散空中，能引起人类过敏性哮喘及过敏性皮炎等症，且发生量大，危害重，是区域性恶性杂草。

【化学防除指南】

敏感除草剂有百草敌、苯达松、达克尔等。

八、苍耳（图 2-23）

【别名】老苍子、虱麻头、青棘子

【形态特征】

成株 株高 20~100 cm，茎直立。叶互生，具长柄；叶片三角状卵形或心形，长4~10 cm，宽6~12 cm，先端锐尖或稍钝，基部近心形或楔形，叶缘有缺刻及不规则的粗锯齿，两面被贴生的糙伏毛，基出3脉；叶柄长3~11 cm。头状花序腋生或顶生，花单性，雌雄同株；雄花序球形，黄绿色，直径4~6 mm，近无梗，密生柔毛，集生于花轴顶端；雌头状花序生于叶腋，椭圆形，外层总苞片小，长约3 mm，分离，披针形；内层总苞片结合成囊状外生钩状刺，先端具二喙，内含2花，无花瓣，花柱分枝丝状。

果实 聚花果宽卵形或椭圆形，长12~15 mm，宽4~7 mm，外具长1~1.5 mm的钩刺，淡黄色或浅褐色，坚硬，顶端有2喙；聚花果内有2个瘦果，倒卵形，长约1 cm，灰黑色。

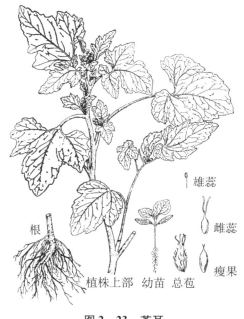

图2-23 苍耳

幼苗 双子叶，匙形或长圆状披针形，长约2 cm，宽5~

7 cm，肉质，光滑无毛。初生叶2片，卵形，先端钝，基部楔形，叶缘有顿锯齿，具柄，叶片及叶柄均密被绒毛，主脉明显。下胚轴发达，紫红色。

【生物学特性】

一年生草本，粗壮，生活力强，4~5月萌发，7~8月开花，8~9月为结果期。动物传播。

【分布与危害】

全国各地广布；朝鲜、日本、俄罗斯、伊朗、印度也有分布。适生稍潮湿的环境，为广布的旱地杂草，局部地区危害较重。是棉蚜、棉金刚钻、棉铃虫和向日葵菌核病等的寄主。

【化学防除指南】

敏感除草剂有都尔、克阔乐、西玛津、捕草净、苯达松、恶草灵、百草枯、伴地农、虎威、茅毒等。

九、鳢肠（图2-24）

【别名】墨旱莲、旱莲草、墨草、还魂草

【形态特征】

成株 全株具褐色液汁，株高15~60 cm。茎直立，下部伏卧，自基部和上部分枝，节处着土易生根，疏被糙毛。叶对生，无柄或基部叶有柄，叶片椭圆状披针形或条状披针形，全缘或略有细齿，基部渐狭而无柄，两面被糙毛。头状花序腋生或顶生，有梗，直径6~11 mm。总苞片5~6片，绿色，被糙毛，宿存。外围花舌状，白色；中央花管状，裂片4片，黄色，两性。全株干后常变为黑褐色。

果实 瘦果黑褐色，顶端平截，长约3 mm。由舌状花发育成的果实具3棱，较狭窄；由管状花发育成的果实呈扁四棱状，较肥短，表面有明显的小瘤状突起，无冠毛。

幼苗 子叶椭圆形或近圆形，先端钝圆，全缘，基部圆形，有 1 条主脉和 2 条侧脉，具柄，光滑无毛。上、下胚轴均发达，上胚轴圆柱状，密被倒生糙毛。初生叶 2 片，对生，全缘或具稀疏细齿，三出脉，具长柄。

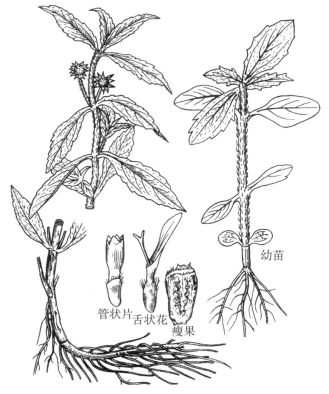

管状片　舌状花　瘦果

幼苗

图 2－24　鳢肠

【生物学特性】

一年生草本，种子繁殖。种子萌发的适宜温度为 20～35℃。植株喜湿耐旱，抗盐，耐瘠、耐阴。具有很强的繁殖力。

【分布与危害】

全国性分布。是花圃和果园内的恶性杂草。

【化学防除指南】

敏感除草剂有丁草胺、扫茀特、克阔乐、莠去津、赛克津、圃草净、农得时、草克星、苯达松、恶草灵等。

十、艾蒿（图2－25）

【别名】艾草、冰台、香艾

【形态特征】

成株 根茎匍匐，粗壮，须根纤细。茎直立，高45～120 cm，有纵条棱，密被短绵毛，茎中部以上分枝。茎下部叶花时枯萎，具长14～20 mm的叶柄，中部叶具柄，基部常有线状披针形的假托叶，叶片羽状深裂或浅裂，侧裂片2～3对，裂片菱形，椭圆形或披针形，基部常楔形，中裂片又常3裂，在所有裂片边缘具

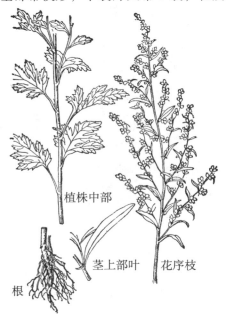

图2－25　艾蒿

粗锯齿或小裂片；上部叶渐变小，3～5 全裂或不分裂，裂片披针形或线状披针形，无柄。头状花序钟形，长 3～4 mm，直径 2～2.5 mm，具短梗或近无梗，下垂，顶端排列成紧密而稍扩展的圆锥状。总苞片 4～5 层，密被灰白色蛛丝状毛，外层卵形，中层长圆形，内层苞片匙状长圆形，边缘宽膜质。外围花雌性，8～13 朵；中央花两性，9～11 朵，长约 2 mm，红紫色。花序托半球形，裸露。

果实 瘦果，长圆形，长约 0.7～1 mm，宽 0.5 mm，无毛。

幼苗 幼苗灰绿色。下胚轴发达，上胚轴不发达。子叶圆形，无柄，长 0.3 cm。初生叶 2 片，卵圆形，先端具小凸尖，边缘有疏锯齿，叶片及叶柄均有毛。

【生物学特性】

多年生草本。花期 8～10 月，果期 9～11 月。根茎及种子繁殖。

【分布与危害】

分布于东北、华北、西北、华南、安徽、江苏、湖北、贵州、云南及西藏等地。生长在路边、林地、灌丛及荒地上。常在果、桑、茶园及林业苗圃中危害，是发生量较大，危害较重的常见杂草。

【化学防除指南】

敏感除草剂有百草敌、甜菜宁、达克宁、草净津、赛克津、苯达松、百草枯等。

十一、泥胡菜（图 2-26）

【别名】糯米菜、剪刀草、石灰菜

【形态特征】

成株 株高 30～80 cm。茎直立，具纵棱，有白色蛛丝状毛或无。基生叶莲座状，有柄，倒披针状椭圆形或倒披针形提琴状羽状分裂，长 10~20 cm；顶裂片较大，三角形，有时 3 裂，侧裂片 7~8 对，长椭圆状倒披针形，上面绿色，下面密被白色蛛丝状毛；中部叶椭圆形，先端渐尖，无柄，羽状分裂；上部叶线状披针形至线形。头状花序多数，于茎顶排列成伞房状。总苞球形，长 12~14 mm；总苞片 5~8 层；外层卵形，较短，中层椭圆形，内层条状披针形，背部顶端下具 1 紫红色鸡冠状的附片。花冠管状，紫红色，长 13~14 mm，筒部远较冠檐为长（约 5 倍），裂片 5。

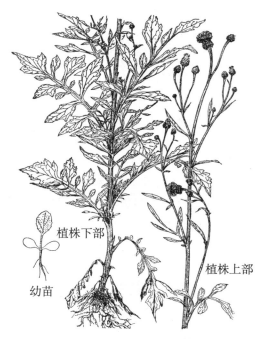

图 2-26　泥胡菜

果实　瘦果，圆柱形略扁平，长约 2.5 mm，具 15 条纵棱多冠毛 2 层，外层冠毛长 10~15 mm，羽毛状，白色。

幼苗　子叶 2，长约 0.7 cm，卵圆形，先端钝圆，基部渐狭至柄。初生叶一片，椭圆形，先端锐尖，基部楔形，边缘有疏小齿，叶片及叶柄均密被白色蛛丝状毛。下胚轴较发达，上胚轴不发达。

【生物学特性】

一或二年生草本。通常 9 ~ 10 月出苗，花、果期翌年 5 ~ 8 月。种子繁殖。

【分布与危害】

分布于全国各地。生于幼林、果园、荒地和田边，在长江流域的局部农田危害严重，是发生量大，危害重的恶性杂草。

【化学防除指南】

敏感除草剂有百草敌、草净津、苯达松等。

十二、加拿大一枝黄花（图 2 – 27）

【别名】金棒草、黄莺花

【形态特征】

成株　有水平生长的根状茎。茎直立，高 0.3 ~ 2 m，于茎中

叶

根

花序枝

图 2 – 27　加拿大一枝黄花

部以上具微柔毛。基生叶及茎下部叶很早脱落；茎中、上部叶呈披针形或线状披针形，长 5~12 cm，离基三出脉，边缘具稀疏的锐牙齿，基部狭窄，无柄或下部叶有柄，上面深绿色。头状花序小，着生在花序分枝的一侧，于茎顶组成圆锥状。总苞长 2~4 mm；总苞片呈覆瓦状排列，线状披针形，顶端渐尖或急尖，微黄色。舌状花 10~17 朵，长 1~3 mm。

果实 瘦果，长圆形或椭圆形，基部楔形，长 2~3 mm，褐色或浅褐色，常具 7 条纵棱，棱脊及棱间被糙毛。冠毛 1 层，浅黄色，长 2~3 mm，上被短糙毛。

【生物学特性】

多年生草本。花、果期 7~11 月。种子和根状茎繁殖。

【分布与危害】

生长在潮湿和干燥开旷地、疏林下及路边。有时危害果树、茶及桑树，繁殖力极强，传播速度快，是恶性杂草。原产加拿大和美国，我国各地引种栽培供观赏，常逸生成杂草危害。

【化学防除指南】

敏感除草剂有草甘膦、克无踪等。

十三、苦苣菜（图 2-28）

【别名】苦菜、滇苦菜

【形态特征】

成株 根纺锤状。茎中空，直立，高 50~100 cm，下部光滑，中上部及顶端有稀疏腺毛。叶片柔软无毛，长椭圆状倒披针形，长 15~20 cm，宽 3~8 cm，羽状深裂或提琴状羽裂，裂片边缘有不规则的短软刺状齿至小尖齿；基生叶片基部下延成翼柄，茎生叶片基部抱茎，叶耳略呈戟形。头状花序直径约 2 cm，花序梗常有腺毛或初期有蛛丝状毛；总苞钟形或圆筒形，长 1.2~1.5 cm，总苞片 3~4 层，草质，绿色；舌状花黄色，长约 1.3 cm。

果实 瘦果倒卵状椭圆形，长 2.5～3 mm，宽 0.6～1 mm，两端截形，红褐色，每面有 3～5 条纵肋，肋间有粗糙的细横纹；冠毛白色细软，长约 6 mm，脱落后顶端有冠毛环，中央有白色花柱残痕。

幼苗 子叶阔卵形，长 4.5 mm，宽 4 mm，先端钝圆，叶基圆形，具短柄；下胚轴发达，上胚轴不发育多初生叶 1 片，近圆形，先端突尖，叶缘具疏细齿，叶基阔楔形，无毛，具长柄；第 1 后生叶与初生叶相似；第 2 后生叶阔椭圆形，叶基下延至柄基部成翼，疏生柔毛；第 3 后生叶开始叶缘具粗齿，叶基呈箭形，并下延成翼，有较多的柔毛。

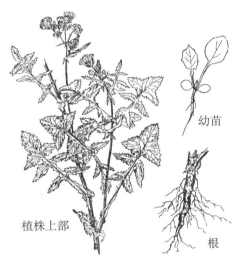

幼苗

植株上部

根

图 2 - 28 苦苣菜

【生物学特性】

一、二年生草本。花果期 3～10 月。种子繁殖。

【分布与危害】

从辽宁至华南各省（区、市）都有分布；原产欧洲，今广布成世界性杂草。多生长于山坡、路边和荒野处，有时侵入苗圃，

为果、桑、茶园和路埂常见杂草，发生量小，危害轻。

【化学防除指南】

敏感除草剂有大惠利、草净津、赛克津、莠灭净、苯达松、杀草敏、草甘膦、伴地农、都莠混剂等。

第三节　莎草科杂草

莎草科杂草为多年生或一年生草本。多数有匍匐地下茎，须根。茎三棱形或有时为圆筒形，实心，很少是中空的，如茎中空则有密布的横隔。叶片线形，通常排为3列；叶鞘的边缘合成管状包于茎上。总状花序，通常数枚或多数生于茎上，或者密集在茎端呈头状，每一穗状花序基部通常有叶片状苞片。每一花下托有1苞片，叫做鳞片。花通常无花被或少数具有花被，或变成鳞片状或刚毛状。通常为两性花，有时为单性。若为单性，通常雌雄同株，有时为异株。雄蕊通常为3，也有2，上位子房，小坚果。

一、碎米莎草（图2–29）

【别名】三方草

【形态特征】

成株　秆丛生，扁三棱形，高可达25 cm。叶基生，短于秆，宽2～5 mm；鞘棕红色。叶状苞片3～5，下部的较花序长，长侧枝聚伞花序复出，辐射枝4～9，每枝具有5～10个穗状花序，穗状花序松散，长圆状卵形；小穗直立，压扁，含6～22朵小花，小穗轴近无翅；鳞片宽倒卵形，顶端有干膜质边缘，黄色，背面有龙骨状突起；雄蕊3，花丝着生于环形的胼胝体上，柱头3。

果实　小坚果倒卵形，具3锐棱，与鳞片等长，褐色，密生突起细点。花柱残留物短柱状，色深。果脐圆形或方形，边缘稍隆起，色较深。

　　幼苗　子叶留土。第一片真叶带状披针形，宽 0.5mm，横剖面片呈"U"字形，有 3 条较粗的平行脉及其间的 2 条细脉，纵脉间具横脉，构成方格状网脉，叶片与叶鞘间界限不显；叶鞘膜质半透明状，有脉 10 条，其中 5 条连向叶片。

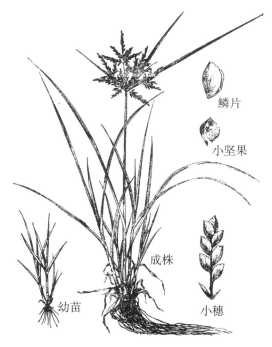

鳞片

小坚果

成株

幼苗

小穗

图 2－29　碎米莎草

　　【生物学特性】

　　一年生草本。春夏季出苗；花果期夏秋季。子实成熟即落入土壤。

　　【分布与危害】

　　全国均有分布，尤以长江流域及其以南地区发生普遍。亚洲其他地区、大洋洲、非洲北部和美洲也有分布。为秋熟旱作物地主要杂草。干燥、湿润旱地均有发生和危害，但以湿润旱地危害较重。并为稻苞虫、褐稻虱、灰稻虱及水稻铁甲虫的寄主。

【化学防除指南】

适用化学除草剂有禾田净、排草净、草克星、农得时、苯达松、2甲4氯、莎蒲隆等。

二、异型莎草（图2-30）

【别名】球穗碱草

【形态特征】

成株　秆丛生，扁三棱形，高5~50 cm。叶短于秆，宽2~50 mm，叶上表面中脉处具纵沟，背面突出成脊。叶状苞片2~3，长于花序；长侧枝聚伞花序简单，少数复出，小穗于花序伞梗末

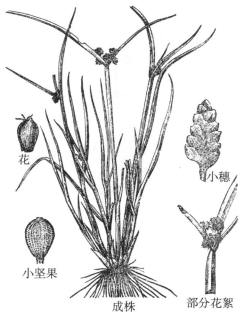

花

小穗

小坚果

成株

部分花絮

图2-30　异形莎草

端，密集成头状；小穗披针形，长 2 ~ 5 mm，有花 8 ~ 12 朵，鳞片排列疏松，折扇状圆形，长不及 1 mm，有 3 条不明显的脉，边缘白色膜质；雄蕊 2，花药椭圆形；花柱短，柱头 3。

果实 小坚果，三棱状倒卵形，棱角锐，淡褐色，表面具微突起，顶端圆形，花柱残留物呈一短尖头；果脐位于基部，边缘隆起，白色。

幼苗 子叶留土。第一片真叶线状披针形，有 3 条直出平行脉，叶片横剖面呈三角形，叶肉中有 2 个气腔，叶片与叶鞘处分界不显，叶鞘半透明膜质，有脉 11 条，其中，有 3 条较为显著。

【生物学特性】

一年生草本。花果期夏秋季，种子繁殖，子实极多，成熟后即脱落，春季出苗。

【分布与危害】

分布于东北、华北、华东、华中、西南及我国台湾的水稻种植区，宁夏、甘肃也有分布。朝鲜、日本、印度、马来西亚以及大洋洲、非洲也有。可用作饲料。为水稻田及低湿旱地的恶性杂草，尤以在低洼水稻田中发生量大，危害重。

【化学防除指南】

适用化学除草剂有扫弗特、捕草净、2 甲 4 氯、农得时、苯达松、恶草灵、杀草胺等。

三、香附子（图 2 – 31）

【别名】莎草、香头草、三棱草、旱三棱、回头青

【形态特征】

成株 具长匍匐根状茎，顶端膨大成棕褐色块茎。秆锐三棱形，散生直立，高 20 ~ 95 cm。叶基生，叶鞘棕色。聚伞花序简单或复出，有 3 ~ 6 个开展的辐射枝，叶状苞片 3 ~ 5 片。辐射枝末端穗状花序有小穗 3 ~ 10 个，小穗线形，长 1 ~ 3 cm，具花

10～30朵。小穗轴有白色透明宽翅，鳞片卵形，长 3.0～3.6 mm，膜质，两侧紫红色，中间绿色。雄蕊 3 枚，花药长，线形，暗血红色。花柱细长，柱头 3 个，伸出鳞片外。

果实 小坚果，三棱状长圆形，横切面三角形，两面相等，另一面较宽，角圆钝，边直或稍凹，长约 1.5 mm。表面灰褐色，具细点，果脐圆形至长圆形，黄色。

幼苗 第一片真叶线状披针形，有 5 条明显的平行脉，叶片横剖面呈"V"形。第二、三片真叶与前者相似，第三片真叶具 10 条明显平行脉。

小穗　雌穗

小坚果

图 2-31　香附子

【生物学特性】

莎草科多年生草本。块茎和种子繁殖，多以块茎繁殖，较耐热而不耐寒，不能在寒带地区生存，块茎发芽的温度范围为 13～40℃，最适温度为 30～35℃。喜光，遮阴明显能影响块茎的形成。在长江流域 4 月发芽出苗，6～7 月抽穗、开花，8～10 月结籽、成熟。实生苗发生期较晚，当年只长叶不抽茎。块茎的生命力比较顽强。种子可以借风力、水流及人、畜活动传播。

【分布与危害】

分布遍及全国，主要分布于中南、华东、西南热带和亚热带地区。喜生于湿润疏松性土壤上，砂土地发生较为严重。是草坪、果园、桑园和茶园的主要杂草。

【化学防除指南】

适用化学除草剂有拉索、都尔、草甘膦、丁草胺、茅草枯、恶草灵、苯达松、敌草隆、莠丹、达克尔、环草特等。

第四节　十字花科杂草

十字花科杂草为一、二年或多年生草本，很少是亚灌木，无毛或有各式毛。叶互生，通常无托叶；单叶或羽状分裂，有柄或无柄，基生叶莲座状。花两性，两侧对称，通常成总状花序，有时成复总状，很少单生；萼片4，排列为2轮，直立或开展。有时外轮2片基部呈囊状，多早落；花瓣4，开展如“十”字形，有白、黄、粉红或淡紫色，基部多数渐狭成爪，很少无花瓣的；雄蕊6，外轮2个较短，内轮4个较长（称四强雄蕊），很少1~2个或多数，花丝分离，很少联合，基部多数有各式蜜腺，雌蕊1，由2个心皮合成，子房上位，侧膜胎座，中央常由假隔膜分成2室，很少1室，每室有胚珠1~2粒或多数，排列成1~2行，花柱短或无，柱头单一或2裂。果实为长角果（长约为宽度的4倍或更长）或短角果（长和宽几乎相等或稍长于宽），成熟时开裂或不开裂，果瓣突起或扁平，有脉或无脉，种子小，无胚乳；种子内2片子叶和胚根的位置有子叶缘倚（胚根位于2片子叶的边缘）、子叶背倚（胚根位于2片子叶中一片的背面）、子叶对褶（胚根位于2子叶纵向对褶的中间）等3种情况。

一、碎米荠（图 2 – 32）

【别名】 白带草、雀儿菜

【形态特征】

成株 高 6～30 cm，茎被柔毛，上部渐少。基生叶有柄，单数羽状复叶，小叶 2～5 对，顶生小叶肾形或肾圆形，长 4～10 mm，有 3～5 圆齿，侧生小叶较小，歪斜；茎生叶具短柄，有小叶 3～6 对，狭倒卵形至线形，所有小叶上面及边缘有疏柔毛。总状花序生于枝顶，花小，直径约 3 mm，花梗纤细；萼片长圆形，长约 1.5 mm，外被疏毛；花瓣白色，倒卵状楔形，长 3～5 mm；雄蕊 4～6，柱头不分裂。

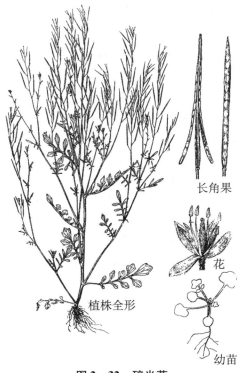

长角果

花

植株全形

幼苗

图 2 – 32 碎米荠

果实　长角果线形，稍扁平，无毛，长 1.8～3 cm，直径约 1 mm，近直展，裂瓣无脉，宿存花柱长约 0.5 mm，果梗长 4～12 mm，种子每室 1 行，种子长圆形，褐色，表面光滑。

子叶　近圆形或阔卵形，先端钝圆，具微凹，基部圆形，具长柄。下胚轴不发达，上胚轴不发育。初生叶 1 片，互生，单叶，三角状卵形，全缘，基部截形，具长柄，第一后生叶与初生叶相似，第二后生叶为羽状分裂。

【生物学特性】

二年生草本。冬季出苗，翌年春季开花，花期 2～4 月，果期 4～6 月。种子繁殖。

【分布与危害】

分布于长江流域及其以南的福建、西南等地。亚洲其他地区、欧洲、非洲及美洲也有分布。生于较湿润的田边、路旁及草地，果园、菜地、苗圃亦常见，常和弯曲碎米荠混生危害。

【化学防除指南】

敏感性除草剂有赛克津、氟乐灵、绿麦隆、大惠利、盖草能、仙治等。

二、沼生蔊菜（图 2-33）

【别名】风花菜、黄花荠菜、大荠菜

【形态特征】

成株　高 15～90 cm，茎直立可斜上，有分枝。基生叶的茎下部的叶羽状分裂，顶生叶片分裂较大，卵形，侧生裂片较小，边缘有钝齿，茎生叶向上渐小，分裂或不分裂。总状花序顶生或腋生，花瓣 4，黄色。长角果圆柱状长椭圆形，稍弯曲；种子卵形，稍扁平，红黄色，有小点。

子叶　近圆形，长 3 mm，宽 3 mm，全缘，具长柄。下胚轴发达，上胚轴不发育。初生叶 1 片互生，单叶，近卵形，全缘，有 1 条中脉，具长柄。第一后生叶叶缘微波状，第二片后生叶叶缘有粗锯齿，幼苗全株光滑无毛。

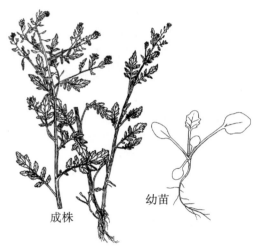

成株　　　　　幼苗

图 2-33　沼生薸菜

【生物学特性】

越年生或多年生草本。种子在春季、夏季和秋季均能萌发，以越冬种子萌发率为最高。

【分布与危害】

分布于东北、华北、西北、江苏、西南等省区。生于地边、路旁或荒野较湿润处；有时也入侵农田，部分蔬菜、薯类和幼林受害较重。它也是传播油菜病毒及其他十字花科作物病虫害的媒介。

【化学防除指南】

敏感除草剂有莠去津、西玛津、百草敌、百草枯、伴地农等。

三、宽叶独行菜（图 2-34）

【别名】北独行菜、羊辣辣、大辣辣

【形态特征】

成株 株高 30～150 cm，茎直立，无毛或稍有毛，上部多分枝。基生叶长圆状披针形或卵形，长 3～8 cm，宽 1～5 cm，先端急尖，基部楔形，不抱茎，全缘或有齿，有叶柄，长 1～3 cm；上部叶卵形或披针形，长 2～5 cm，宽 5～15 mm，无柄。总状花序顶生，成圆锥状；花小，直径 1 mm，白色，萼片卵形，具白色边缘，花瓣长圆形，长 2～3 mm，具爪；雄蕊 6。

果实 短角果，宽卵形或近圆形，长 1.5～3 mm，先端全缘，基部圆钝，具极短的花柱，有柔毛，无翅，果梗长 2～3 mm；种子广椭圆形，长 1 mm，扁平，淡褐色，无翅。

花

花、果枝

短角果

图 2－34 宽叶独行菜

【生物学特性】

多年生草本。春季返青，花期 5 ~ 7 月，果期 7 ~ 9 月。种子繁殖，生于村旁、田边、山坡及盐化草甸。

【分布与危害】

分布于我国内蒙古、西藏，欧洲南部、非洲北部、亚洲西部及中部等地。属一般性杂草，对苗圃危害轻。

【化学防除指南】

除草剂可选用克阔乐、赛克津、百草枯、伴地农、莠去津等。

四、荠菜（图 2 – 35）

【别名】荠、荠菜花、吉吉菜

【形态特征】

成株　茎直立，有分枝，株高 20 ~ 50 cm。基生叶丛生，呈

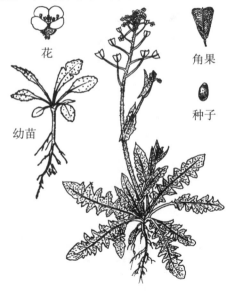

花

角果

种子

幼苗

图 2 – 35　荠菜

莲座状，大头羽状分裂，偶有全缘，顶生裂片较大，侧生裂片较小，狭长，先端渐尖，浅裂或有不规则锯齿或近全缘，具长叶柄；茎生叶狭披针形，基部抱茎，边缘有缺刻或锯齿。总状花序顶生及腋生。花瓣4片，白色。

果实　短角果，倒三角形或倒心形，长5～8 cm，宽4～7 cm，扁平，先端微凹，有极短的宿存花柱；种子2行，长椭圆形，长约1 mm，浅棕色。

幼苗　子叶椭圆形，先端圆，基部渐狭至柄，无毛。初生叶2片，卵形，灰绿色，先端钝圆，基部宽楔形，具柄，叶片及叶柄均被有分枝毛。下胚轴与上胚轴均不发达。

【生物学特性】

一年生或二年生草本，种子繁殖。以幼苗或种子越冬。适生于较湿润而肥沃的土壤，亦耐干旱。华北地区10～11月或早春3～4月出苗，4～5月为花期，5～7月为果期。早春、晚秋均可见到实生苗。

【分布与危害】

全国均有分布。为果园和花圃地主要杂草。

【化学防除指南】

敏感性除草剂有豆科威、西玛津、阔叶净、阔叶散、苯达松、大惠利、克阔乐、恶草灵、伴地农、百草枯等。

第五节　玄参科杂草

玄参科杂草为草本或灌木，少数为高大乔木。叶对生，较少互生或轮生，无托叶。花两性，通常两侧对称，排成各式花序；花萼通常4～5裂，很少6～8裂；花冠合瓣，通常2唇形，上唇2裂或有鼻状或钩状延长成兜状，下唇3裂，稍平坦或呈囊状，较少数辐射对称，裂片4～5；雄蕊常4枚，少数2～5枚，其中，

可有 1~2 枚退化，着生于花冠筒上，花药 1~2 室，子房上位，无
柄，基部常有花盘，2 室；花柱 1，柱头 2 裂或头状，胚珠每室多
数，少数仅 2 枚。蒴果室间开裂或室背开裂，或顶端孔裂，极少数
为不开裂的浆果；种子细小，有肉质胚乳，胚平直或稍弯曲。

一、通泉草（图 2-36）

【别名】猫脚迹、脚脚丫
【形态特征】

成株 高 3~30 cm，茎自基部分枝，直立或倾斜，不具匍匐
茎，叶对生或互生，倒卵形或匙形，基部楔形，下延成带翅的叶
柄，边缘具不规则粗齿，总状花序顶生，此带叶白茎段长，有时
茎仅生 1~2 片叶即生花；花萼钟状，裂片 5，与萼筒近等长；花冠
淡紫色或白色，上唇直立，2 裂，下唇 3 裂，中裂片倒卵圆形，平
头。蒴果球形，无毛，稍露出萼外；种子斜卵形或肾形，淡黄色。

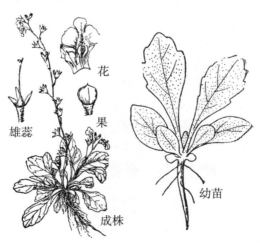

图 2-36 通泉草

子叶 阔卵状，三角形，长 3 mm，宽 2.5 mm，先端渐尖，

全缘，叶基圆形，具短柄。上、下胚轴明显。初生叶2片，对生，单叶，阔卵形，先端钝尖，叶缘微波状，叶基圆形，具叶柄。后生叶与初生叶相似。幼苗全株除下胚轴外，均密生极微小的腺毛。

【生物学特性】

一年生草本。花果期长，4～10月相继开花结果。种子繁殖。

【分布与危害】

全国各地均有分布。生于较湿润的苗圃、荒地、路旁等处。

【化学防除指南】

敏感性除草剂有恶草灵、苄隆、赛克津、巨星等。

二、波斯婆婆纳 （图2－37）

【别名】阿拉伯婆婆纳

【形态特征】

成株 全体被有柔毛。茎下部伏生地面，基部多分枝，斜

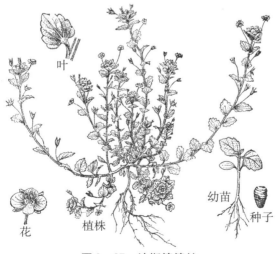

叶

花   植株   幼苗   种子

图2－37   波斯婆婆纳

上。叶在茎基部对生，上部互生，卵圆形及肾状圆形，直径约
1～2 cm，缘具钝锯齿，基部圆形，下部的叶常有柄，上部的叶
无柄。总状花序很长；苞片互生，与叶同形且几乎等大；花梗比
苞片长，有的超过1倍；花萼4深裂，裂片狭卵形；花冠淡蓝色，
有放射状深蓝色条纹；雄蕊2枚，生于花冠上。

果实　蒴果倒扁心形，宽超过长，有网纹，顶部2深裂，2
裂片叉开角度超过90度，宿存花柱超出裂口很多。种子舟形或
长圆形，腹面凹入，表面有皱纹。

幼苗　子叶出土，阔卵形，先端钝圆，全缘，基部圆形，具
长柄，无毛；上、下胚轴均发达，密被斜垂弯生毛；初生叶2
片，对生，卵状三角形，先端钝尖，缘具2～3个粗锯齿，并具
睫毛，叶基近圆形，叶脉明显，被短柔毛，具长柄。

【生物学特性】

一年生草本。秋冬季出苗，偶也延至翌年春季；花期3～4
月，果期4～5月。果实成熟开裂，散落种子于土壤中。茎着土
易生出不定根。

【分布与危害】

分布于华东、华中及云南、贵州、西藏、陕西、新疆等省
区。生于农田、路旁或荒地。麦田、果园、苗圃常见，有时成为
优势种群，危害较重，防除也较为困难。

【化学防除指南】

敏感性除草剂有毒草胺、地乐酚、捕草净、阔叶散、杀草
敏、治草灵、阔叶净等。

三、地黄（图2－38）

【别名】　生地

【形态特征】

成株　株高10～30 cm，全株密被白色或淡褐色长柔毛及长
腺毛。茎单一或自基部分生数枝，紫红色，茎生叶无或少而小，

叶多基生，莲座状，叶片倒卵状披针形至长椭圆形，长 3 ~ 10 cm，宽 1 ~ 3 cm，先端钝，基部渐狭成长叶柄，柄长 1 ~ 2 cm，边缘具不整齐的钝齿或尖齿，叶面有皱纹，上面绿色，下面通常淡紫色，被白色长柔毛及腺毛。总状花序顶生，密被腺毛，有时自茎基部生花；花梗长 1 ~ 3 cm；苞片叶状；花萼筒部坛状，萼齿 5，裂片三角形，长 3 ~ 5 mm，后面 1 枚略长，反折。花略下垂，花冠筒状，长 3 ~ 4 cm，外面紫红色，内面黄色有紫斑，先端二唇形，上唇 2 裂反折，下唇 3 裂片伸直，长方形，顶端微凹，长 0.8 ~ 1 cm；雄蕊 4，着生于花冠筒近基部，子房卵形，2 室，花后渐变 1 室，花柱细长，柱头 2 裂，裂片扇形。

种子

植株　幼苗

图 2 - 38　地黄

果实　蒴果，卵球形，长约 1.6 cm，先端具喙，室背开裂；种子多数，卵形，黑褐色，表面有蜂窝状膜质网眼。幼苗全体密被腺毛，叶柄被长柔毛。子叶三角状卵形，长约 0.4 cm，先端微钝，基部宽楔形或近平截，叶柄与叶片几等长。初生叶 1 片，卵形，长约 1 cm，先端钝，基部楔形，边缘微波状，具柄。上胚轴

与下胚轴均不发达。

【生物学特性】

多年生草本。生于山坡、路旁、宅旁、果园及旱作物地，喜阳且耐干旱有粗壮的肉质根，鲜时黄色。华北地区3月萌发，花期4～6月，果期6～7月。

【分布与危害】

分布于东北、华北、华东各地。为一般性杂草。

【化学防除指南】

敏感性除草剂有扫弗特、赛克津、农得时、草克星、苯达松、排草净、阔叶净、阔叶散等。

第六节　苋科杂草

苋科杂草多为草本，少为灌木，叶对生或互生，无托叶。花小，两性，少为单性，单生或簇生于叶腋或顶端，排列成穗状、头状或圆锥状的聚伞花序，苞片和2小苞片干膜质，小苞片有时呈刺状，花被片3～5，分离或合生，萼片状，常干膜质，雄蕊1～5，花丝离生或下部连合成杯状，往往有退化雄蕊生于其间，子房上位，心皮2～3，合生，1室。胞果盖裂或不开裂。

一、反枝苋（图2－39）

【别名】西风谷、野苋菜、人苋菜

【形态特征】

成株　茎直立，粗壮，或有分枝，稍显钝棱，密生短柔毛，株高20～80 cm。叶互生，具短柄，棱状卵形或椭圆状卵形，长4～10 cm，宽2～5 cm，先端锐尖或微凹，基部锲形，全缘或波状缘，两面及边缘具柔毛。圆锥花序较粗壮，顶生或腋生，由多数穗状花序组成。

果实 胞果扁卵形至扁圆形。种子直径约 1 mm，卵圆形，略扁，黑色或棕黑色，有光泽。

幼苗 子叶长椭圆形，先端钝，基部锲形，具柄，子叶腹面呈灰绿色，背面紫红色，初生叶互生，全缘，卵形，先端微凹，叶背面亦呈紫红色；后生叶有毛，柄长。下胚轴发达，紫红色；上胚轴不发达。

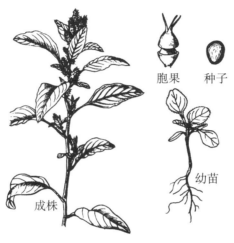

图 2 - 39 反枝苋

【生物学特性】

一年生草本。华北地区早春萌发，4 月初出苗，4 月中旬至 5 月上旬为出苗高峰期；花期 7～8 月，果期 8～9 月；种子边成熟边脱落，适宜发芽温度为 15～30℃，通常发芽深度多在 2 cm 以内；亦可借风传播。

【分布与危害】

适应性强，喜湿润环境，也比较耐旱。为花圃、果园常见杂草，局部地区危害严重。

【化学防除指南】

敏感除草剂有拉索、都尔、乙草胺、敌稗、氟乐灵、恶草灵、草甘膦、灭草胺、盖草能、伏草隆、2甲4氯、百草枯、克阔威、伴地农、杀草敏等。

二、凹头苋（图2-40）

【别名】野苋菜、光苋菜、紫苋

【形态特征】

成株 茎自基部分枝，平卧而上升，绿色或紫红色；株高10~30 cm，全体无毛。叶互生，具长柄，卵形或菱状卵形，先端钝圆而有凹缺，基部宽楔形，全缘或稍呈波状。花簇多数生于叶腋，生在茎端或分枝端的花簇集成直立穗状或圆锥状花序。花被片3片，长圆形或披针形，膜质，淡绿色，先端钝有微尖头。雄蕊3枚，柱头3或2枚。

果实 胞果扁卵形，长约3 mm，微皱缩而近平滑；种子扁球形，直径约1.2 mm，黑色或黑褐色，周缘较薄呈带状，带上有细颗粒状条纹。

胞果

幼苗

图2-40 凹头苋

幼苗　子叶椭圆形，长 8 mm，宽 3 mm，先端钝尖，叶基楔形，具短柄。下胚轴发达，无毛，上胚轴极短。初生叶阔卵形，先端平截，具凹缺，叶基阔楔形，具长柄；后生叶除叶缘略呈波状外，与初生叶相似。

【生物学特性】

一年生草本。5~6 月为苗期，花期 7~8 月，果期 8~10 月。种子繁殖。

【分布与危害】

除内蒙古自治区（全书称内蒙古）、宁夏回族自治区（全书称宁夏）、青海和西藏自治区（全书称西藏）外，其他省区市均有分布。在花圃、苗圃和果园内常有发生，但危害较轻。

【化学防除指南】

适用化学除草剂有拉索、都尔、毒草胺、氟乐灵、敌草隆、一雷定、眼镜蛇、捕草净、阔叶净、苯达松、恶草灵、百草枯、广灭灵、伴地农、草甘膦、都莠混剂等。

三、皱果苋（图 2-41）

【别名】绿苋、野苋

【形态特征】

成株　茎直立，少分枝，绿色或带紫色，株高 20~80 cm，全体无毛，有条纹。叶互生，卵形或卵状椭圆形，先端凹缺，少数圆钝，有一小芒尖，基部近截形，叶面常有"V"形白斑，全缘或微呈波浪状，叶柄长 3~6 cm。花小，排列形成腋生穗状花序，或再集成大型顶生圆锥花序。苞片和小苞片披针状长圆形，干膜质。花被片 3 片。雄蕊 3 枚，比花被片短。

果实　胞果扁球形，直径约 2 mm，表面极皱缩。种子倒卵形或圆形，直径约 1 mm，黑色或黑褐色，有光泽，具细微的线状雕纹。

幼苗　子叶披针形，长 7 mm，宽 2 mm，先端渐尖，基部楔

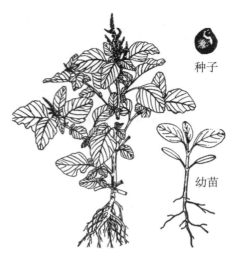

种子

幼苗

图 2－41　皱果苋

形，全缘，具短柄；下胚轴发达，淡红色，上胚轴极短；初生叶
1 片，阔卵形，先端钝尖，并具凹缺，叶基阔楔形，具长柄，后
生叶与初生叶相似。幼苗全株光滑无毛，暗绿色。

【生物学特性】

一年生草本，种子繁殖。苗期 4～5 月，花期 7～8 月，果期
8～10 月。

【分布与危害】

广泛分布于我国南北各地，喜生于疏松干燥土壤，是北方花
圃、果园和蔬菜地常见杂草。

【防除指南】

敏感除草剂有百草敌、拉索、氟乐灵、杂草焚、眼镜蛇、西
玛津、苯达松、恶草灵、草甘膦、伴地农、百草枯、阔叶散等。

四、刺苋（图 2－42）

【别名】勒苋菜、刺苋菜

【形态特征】

成株 茎直立，多分枝，绿色或带红色，株高 30～100 cm，下部光滑，上部无毛或稍有柔毛。叶互生，菱状卵形或卵状披针形，先端常有细刺，基部锲形，全缘，叶柄两侧有 2 刺，刺长 5～10 mm。花单性或两性，雌花簇生于叶腋，雄花集成顶生的圆锥花序，一部分苞叶变成尖刺，一部分呈狭披针形；花被片绿色，先端急尖，边缘透明；雄蕊 5 枚，花柱 2～3 枚。

果实 胞果长圆形，长 1.0～1.2 mm，盖裂。种子倒卵形至圆形，略扁，周缘成带状，带上有细颗粒条纹；表面黑色，有光泽；种脐位于基端。

幼苗 子叶卵状披针形，先端锐尖，全缘，基部锲形，具长柄；下胚轴很发达，紫红色，上胚轴极短，亦呈紫红色；初生叶 1 片，互生，阔卵形，先端钝，具凹缺，基部宽锲形，有明显叶脉，具长柄；后生叶与初生叶相似；自第二后生叶其先端凹缺的中央有一小尖头。

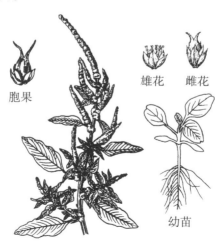

胞果　雄花　雌花　幼苗

图 2－42　刺苋

【生物学特性】

一年生草本，种子繁殖。苗期4~5月，花期7~8月，果期8~9月。胞果边成熟边开裂，散落种子于土壤中。

【分布与危害】

原产于热带美洲。在中国分布于陕西、河南、四川、云南、贵州和台湾等省区。为花圃、果园和蔬菜地主要杂草，局部地区危害较为严重。也是叶螨和蚜虫等害虫（螨）的寄主。

【化学防除指南】

敏感除草剂有百草敌、豆科威、氟乐灵、眼镜蛇、捕草净、阔叶净、苯达松、恶草灵、百草枯、伴地农、草甘膦等。

五、莲子草（图2-43）

【别名】满天星、虾钳菜

【形态特征】

成株 根圆锥形，直径可达3 mm。株高10~45 cm，茎常匍匐，绿色或稍带紫色，有纵沟，沟内有柔毛，节腋处密生长柔

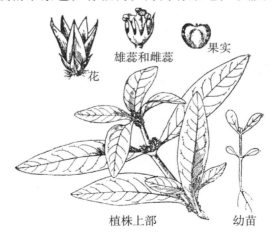

图2-43 莲子草

毛；叶对生，叶片线状披针形、倒卵形或卵状长圆形，长 1 ~ 8 cm，宽 2 ~ 20 mm，先端急尖或圆钝，基部楔形，全缘或具不明显的锯齿。头状花序 1 ~ 4 个，腋生，无总花梗，直径 3 ~ 6 mm；花密生；苞片及小苞片白色，先端短渐尖；花被片卵形，长 2 ~ 3 mm，先端渐尖或急尖，白色，无毛，具 1 脉，干膜质，有光泽，宿存；雄蕊 3 个，花丝长约 0.7 mm，基部连合成环状，退化雄蕊三角状钻形，比花丝短，花柱极短，柱头短裂。

果实 胞果倒心形，长 2 ~ 2.5 mm，扁平，边缘有狭翅，深棕色，包在宿存花被内，种子卵球形。

幼苗 下胚轴发达，紫红色，上胚轴更发达，亦呈紫红色，轴的两侧有一排密集的短柔毛；子叶阔椭圆形，长约 1 cm，宽 0.7 cm，先端钝圆，全缘，初生叶对生，椭圆形，先端钝尖，叶缘微波状，叶基楔形，羽状叶脉明显，成长叶与初生叶相似。

【生物学特性】

一年生草本。花期 5 ~ 9 月，果期 7 ~ 10 月。以匍匐茎进行营养繁殖和种子繁殖。

【分布与危害】

分布于我国安徽、江苏、浙江、江西、湖南、湖北、四川、云南、贵州、福建、台湾、广东、广西壮族自治区（全书称广西）等省区；印度、缅甸、越南、马来西亚和菲律宾等地也有。喜生于湿润地，为水塘边、草地、菜园、苗圃和果园的常见杂草，危害较重。

【化学防除指南】

敏感除草剂有苯达松、恶草灵、达克尔、草甘膦、扫弗特、排草净等。

六、青葙（图 2 - 44）

【别名】野鸡冠花

【形态特征】

成株 高 30 ~ 100 cm，全株无毛；茎直立，有分枝，绿色或红色，具明显条纹。叶互生，叶片披针形或椭圆状披针形，长 5 ~ 8 cm，宽 1 ~ 3 cm，先端急尖或渐尖，基部渐狭成柄，全缘。穗状花序顶生；花多数，密生，初开时淡红色，后变白色，每花有 1 个苞片和 2 个小苞片，白色，披针形，先端渐尖，延长成细芒；花被 5 片，披针形，干膜质，透明，有光泽；有 5 个雄蕊，花丝下部合生成环状，花药紫红色；子房长圆形，花柱细长，紫红色，柱头 2 ~ 3 裂。

果实 胞果卵形或近球形，包于宿存的花被内；种子倒卵形

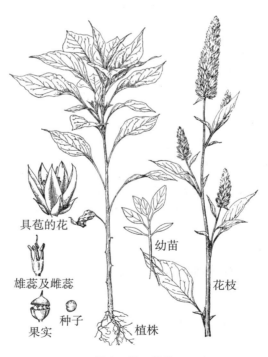

具苞的花

雄蕊及雌蕊

果实　种子

幼苗

花枝

植株

图 2 - 44　青葙

至肾状圆形，略扁，直径约 1.1 mm，表面黑色，有光泽，周缘无带状条纹，种脐明显，位于缺刻内。

幼苗　子叶出土，椭圆形，具短柄；下胚轴发达，紫红色，上胚轴亦较发达，圆柱状，绿色；初生叶 1 片，互生，近菱形，先端锐尖，全缘，叶基渐窄，有明显的羽状脉。具柄。

【生物学特性】

一年生草本。苗期 5～7 月，花期 7～8 月，果期 8～10 月。通常在碰触植株时，胞果开裂，散落种子于土壤中，亦可随栽培苗木进行传播。

【分布与危害】

分布于河北、河南、陕西、山东及沿长江流域和以南各省（区、市）；朝鲜、日本、中南半岛、菲律宾和印度也有分布。是果园、苗圃、路旁及荒地的主要杂草。在有些地区发生普遍，危害较重。

【化学防除指南】

敏感除草剂有百草敌、2 甲 4 氯、拉索、都尔、草甘膦、都莠混剂等。

第七节　大戟科杂草

大戟科为草本、灌木或乔木，多数含有乳状汁液。单叶或复叶，互生，少对生，通常有托叶。花单性，雌雄同株或异株，同序或异序，同序时，雌花生在雄花的上部或下部，花序各式，通常为聚伞花序，成穗状，总状或圆锥花序，顶生或腋生；萼片 3～5 或无，在芽中是镊合状或覆瓦状排列；通常无花瓣，雄花的雄蕊与萼片同数，有时 1 至多数，花丝分离或合生，花药 2 室，雌花的雌蕊有 3，很少是 2、4 或多数心皮结合而成，子房上位，通常 3 室，各室有 1～2 倒生胚珠，花柱分离或合生，与子房室同数，花环状或分裂为腺体。果实多数为蒴果，成熟时分裂成 3

瓣，有时不开裂而成浆果状或核果状；种子常有种阜，卵圆状、表面光滑或有凸起皱纹。

一、铁苋菜（图2-45）

【别名】榎草、海蚌含珠

【形态特征】

成株 茎直立，高20～60 cm。单叶互生，卵状披针形或长卵圆形，先端渐尖，基部楔形，基出3脉明显，叶片长2.5～9.0 cm，宽1.5～5.0 cm，叶缘有钝齿，茎与叶上均被柔毛，叶

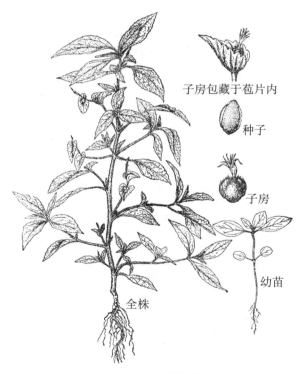

子房包藏于苞片内

种子

子房

幼苗

全株

图2-45 铁苋菜

柄长 1～6 cm。穗状花序腋生；花单性，雌雄同株且同序；雌花位于花序下部，花萼 3 裂，子房球形，有毛，花柱 3 裂，全花包藏于三角状卵形至肾形的苞片内，苞片靠合时形如蚌，边缘有细锯齿；雄花序较短，位于雌花序上部，萼 4 裂，紫红色，雄蕊 8 枚，花药圆筒形，弯曲。

果实　为蒴果，较小，钝三棱状，直径约 3～4 mm，3 室，每室具 1 粒种子。种子卵球形，灰褐色，长约 2 mm，表面有极紧密、细微、圆形的小穴；种脐在种阜上方，种阜为一下垂长条状的隆起，白色而透明，约占种子长的 1/3；腹面具 1 条纤细的棱，直达顶端合点区的中央，合点呈圆点状突起。

幼苗　为子叶出土型，长圆形，先端平截，基部近圆形，脉三出，具长柄；上、下胚轴均发达，前者密被斜垂弯生毛，后者密被斜垂直生毛；初生叶 2 片，对生，卵形，先端锐尖，叶缘钝齿状，基部近圆形，密生短柔毛，具长柄。

【生物学特性】

一年生草本。苗期 4～5 月，花期 7～8 月，果期 8～10 月。果实成熟开裂散落种子。种子繁殖。

【分布与危害】

在中国黄河流域及其以南各省（区、市）发生，危害普遍，除新疆外，几乎遍布全国；朝鲜、越南、日本、菲律宾也有分布。为蔬菜田主要杂草，有时入侵苗圃地。

【化学防除指南】

敏感除草剂有 2 甲 4 氯、百草敌、豆科威、敌稗、氯乐灵、绿麦隆、西玛津、苯达松、恶草灵、百草枯、草甘膦、圃草定、伴地农、阿都混剂、阔叶枯、克阔乐、眼镜蛇等。

二、地锦（图 2－46）

【别名】地锦草、红丝草、花被草

【形态特征】

成株 体内含白色乳汁。茎纤细匍匐，长 10~30 cm，近基部多分枝，红紫色，无毛。叶对生，近无柄。叶片矩圆形，叶缘细锯齿状或近全缘，先端钝圆，基部偏斜。杯状聚伞花序单生于叶腋；总苞倒圆锥形，浅红色，顶端 4 裂，裂片三角形，花单性，雌雄同序。子房 3 室，花柱 3 枚，顶端 2 裂。

果实 蒴果三棱状球形。种子呈四棱状倒卵形，黑褐色，被白色腊粉。

幼苗 平卧地面，茎红色，折断有白色乳汁。子叶长圆形，长约 3 mm，宽约 1.5 mm，先端钝圆，基部楔形，具短柄，无毛。初生叶 2 片，与子叶交互对生，倒卵状椭圆形，无毛，叶缘先端具细锯齿，具柄。上胚轴不发达，下胚轴较发达，光滑，通常暗紫红色。

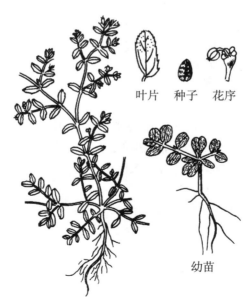

叶片　种子　花序

幼苗

图 2-46　地锦

【生物学特性】

一年生草本，种子繁殖。华北地区 4 ~ 5 月出苗，6 ~ 7 月为花期，7 ~ 10 月为果期。

【分布与危害】

除广东、广西外，几乎遍布全国，以北部地区更普遍，常混生在果园、草坪、园林中，主要危害百慕大、结缕草等。

【化学防除指南】

适用化学除草剂有莠去津、西玛津、果尔等。

三、泽漆（图 2 - 47）

【别名】乳腺草、猫儿眼、五朵云

【形态特征】

成株　株高 10 ~ 30 cm。通常基部多分枝而斜生，茎无毛或仅分枝略具疏毛，基部紫红色，上部淡绿色。单叶互生，叶倒卵形或匙形，长 1 ~ 3 cm，宽 0.5 ~ 1.5 cm，先端钝或微凹，基部楔

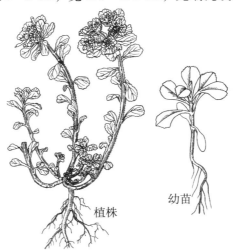

植株　幼苗

图 2 - 47　泽漆

形，在中部以上边缘有细齿。茎顶端有 5 枚轮生的叶状苞片，与茎生叶相似，但较大。多歧聚伞花序，顶生，有 5 伞梗，每伞梗分为 2 ~ 3 小伞梗，每小伞梗又分成 2 叉状；杯状总苞钟形，顶端 4 浅裂，与 4 个肾形肉质腺体互生；花单性，无花被，雄花仅有 1 雄蕊；雌花子房有长柄，伸出总苞外，3 室，花柱 3。

果实　蒴果球形，光滑无毛，直径约 3 mm，3 裂；种子倒卵形，长约 2 mm，暗褐色，无光泽，表面有凸起的网纹，种阜大而显著，肾形，黄褐色。

幼苗　种子出土萌发。子叶椭圆形，长约 6 mm，宽约 3 mm，先端钝圆，叶基近圆形，全缘，具短柄；下胚轴发达，上胚轴亦很明显，绿色；初生叶对生，倒卵形，先端钝，具小突尖，上半部叶缘有小锯齿，有 1 条中脉，具长叶柄，后生叶与初生叶相似，但互生，叶先端具微凹。幼苗全株光滑无毛，体内含白色乳汁。

【生物学特性】

一年生或二年生草本。花期 4 ~ 5 月，果期 6 ~ 7 月。种子繁殖。

【分布与危害】

除新疆、西藏外，几乎遍布全国。适应性强，喜生于潮湿地区，多生于山沟、荒野、路旁、胶园、桑园、茶园及蔬菜地，危害较重。

【化学防除指南】

敏感除草剂有 2 甲 4 氯、百草敌、氯乐灵、杀草丹、西玛津、苯达松、百草枯、草甘膦、圃草定、伴地农、都阿混剂等。

第八节　藜科杂草

藜科杂草为一年生至多年生草本，有一部分植物多汁，有适应于海岸或碱地生活的习性。叶互生，少对生，无托叶，常为肉质，稀退化为鳞片状。花为单被花，很少是无被花，小型，两性，单性或杂性，少为雌雄异株，通常苞叶和小苞簇生成穗状或再组成圆锥花序，少单生，成二歧聚伞花序；花被片 1～5，分离或连合，果期时背面常发育成针刺状、翅状或瘤状附属物，雄蕊通常和花被同数而对生，周位或下位；子房卵形、球形或扁形，1 室。果实为胞果，常包于宿存花被内；种子稍扁，胚环形或螺旋形。

一、藜（图 2－48）

【别名】灰菜、落藜

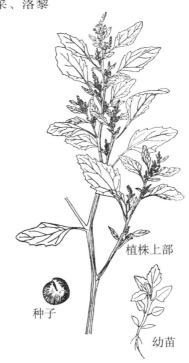

植株上部

种子

幼苗

图 2－48　藜

【形态特征】

成株 株高 60~120 cm。茎直立，粗壮，有棱和纵条纹，多分枝，上升或开展。叶有长柄；叶片菱状卵形至宽披针形，长 3~6 cm，宽 2.5~5 cm，先端急尖或微钝，基部宽楔形，叶缘具不整齐锯齿，下面生有粉粒，灰绿色，花两性，数个花集成团伞花簇，由花簇排成密集或间断而疏散的圆锥状花序，顶生或腋生；花小，黄绿色，花被片 5，宽卵形至椭圆形，具纵隆脊和膜质边缘，雄蕊 5；柱头 2。

果实 胞果完全包于花被内或顶部稍外露，果皮薄，上有小泡状突起，后期小泡脱落变成皱纹，和种子紧贴，种子横生，双凸镜形，直径 1.2~1.5 mm，黑色，有光泽，表面具浅沟纹。

子叶 近线形，或披针形，长约 0.6~0.8 cm，先端钝，肉质，略带紫色，叶下面有白粉，具柄。初生叶 2 片，长卵形，先端钝，边缘略呈波状，主脉明显，叶片下面多呈紫红色，具白粉。上胚轴及下胚轴均较发达，紫红色。后生叶互生，叶形变化较大，呈三角状卵形，全缘或有钝齿。

【生物学特性】

一年生草本。生于田间、路旁、荒地和宅旁等地。花果期 5~10 月。种子繁殖。最适发芽温度为 20~30℃，发芽深度 4 cm 以内。3~4 月出苗。

【分布与危害】

除西藏外，我国各地均有分布；温带及热带各地也有。主要危害豆类、薯类、蔬菜、花生、玉米等旱作物及果树，常形成单一群落。也是地老虎、棉铃虫和棉蚜的寄主。

【化学防除指南】

敏感除草剂有拉索、豆科威、都尔、乙草胺、敌稗、大惠利、环草特、虎威、西玛津、捕草净、恶草灵、杀草敏、百草枯、草甘膦、伴地农、圃草定等。

二、小藜（图 2 – 49）

【别名】苦落藜

【形态特征】

成株　株高 20 ~ 50 cm，茎直立，有分枝，具绿色纵条纹，幼茎常密被粉粒。叶互生。有柄，叶片长圆状卵形，长 2 ~ 5 cm，宽 1 ~ 3 cm，先端钝，基部楔形，边缘有波状齿，下部的叶近基部有 2 个较大的裂片，两面疏生粉粒。花序穗状或圆锥状，腋生

植株下部　　幼苗

种子

植株上部

图 2 – 49　小藜

或顶生。花两性，花被片 5，宽卵形，先端钝，淡绿色，微有龙骨状突起；雄蕊 5，长于花被；柱头 2，线形。

果实　胞果包于花被内，果皮膜质，与种子贴生。种子横生，直径约 1 mm，圆形，双凸镜状，边缘有棱，黑色，具光泽，表面有明显的蜂窝状网纹。

子叶　长约 0.6 cm，线形，肉质，基部紫红色，具短叶柄。初生叶 2 片，线形，先端钝，基部楔形，全缘，叶下面略呈紫红色，具短柄。下胚轴与上胚轴均较发达，玫瑰红色。后生叶披针形，常于基部有二个较短的裂片，叶缘具波状齿，叶下面被白粉。

【生物学特性】

一年生草本。适生于湿润具轻度盐碱的砂壤土上，亦耐盐碱。早春萌发，花期 4～6 月，果期 5～7 月。种子繁殖。

【分布与危害】

除西藏外，全国均有分布；欧洲、西伯利亚、中亚和日本也有分布。小藜是轻度盐碱地区花圃和苗圃主要杂草之一，发生量大，危害重，是区域性的恶性杂草。

【化学防除指南】

敏感除草剂有地乐胺、敌草隆、环草特、阔叶枯、西玛津、赛克津、苯达松、恶草灵、广灭灵、草甘膦、百草枯、伴地农、都莠混剂、都阿混剂等。

三、猪毛菜（图 2－50）

【别名】三叉明棵、刺蓬

【形态特征】

成株　茎自基部分枝，枝开展，淡绿色，具条纹，生短硬毛或近无毛，高 20～100 cm。叶无柄，叶片丝状圆柱形，肉质，深绿色，有时带红色，生短硬毛，长 2～5 cm，宽 0.5～1.5 mm，先端有硬刺尖，基部边缘膜质，稍扩展而下延。花序穗状，细长，生于枝的上部；苞片宽卵形，贴向穗轴，膜质，先端有硬针刺；小苞片2，狭披针形，长于花被片，先端有刺尖；花被片5，披针形，膜质，果期变硬，于背面中、上部着生鸡冠状突起；雄蕊5，花柱2，柱头长，丝状，为花柱的1.5～2倍。

果实　胞果倒卵形，果皮膜质，深灰褐色，具疏松的皱褶。种子倒卵形，直径约1.5 mm；胚螺旋状，无胚乳。

幼苗　下胚轴较发达，淡红色。子叶暗绿色，线状圆柱形，肉质，先端渐尖，基部抱茎，无柄。初生叶2，线形，肉质，有硬毛，先端具小刺尖，无柄。后生叶互生，与成株相似。

图2－50　猪毛菜

【生物学特性】

一年生草本。花期6～9月，果期8～10月。种子繁殖。通常于种子成熟后，整个植株于根颈处断裂，植株由于被风吹而于地面滚动，从而散布种子。

【分布与危害】

分布于东北、华北、西北、西南及江苏北部。田园常见杂草。生于林地、路旁和农田中，在湿润肥沃的土壤上常长成巨大株丛。适应性强，在各种土壤均能生长，以沙质地和轻盐碱地较多；有时数量很多，危害较重。

【化学防除指南】

敏感除草剂有豆科威、氟乐灵、地乐胺、绿麦隆、灭草猛、茅毒、达克尔、克阔乐、莠去津、安磺灵、草净津、赛克津、捕草净、阔叶净、阔叶散、毒莠定、苯达松、圃草定、百草枯、伴地农等。

四、灰绿藜（图 2-51）

【别名】盐灰菜

【形态特征】

成株 茎平卧或斜生，高 10～35 cm，茎自基部分枝，具绿

图 2-51 灰绿藜

色或紫红色条纹。叶互生，具短柄，叶片厚，长圆状卵形至披针形，长2~4 cm，宽0.6~2 cm，先端急尖或钝，基部渐狭，叶缘具波状牙齿，上面深绿色，中脉明显，下面灰白色或淡紫色，密被粉粒。团伞花序排列成穗状或圆锥状花序；花两性或兼有雌性；花被片3~4，浅绿色，肥厚，基部合生。

果实　胞果伸出花被外，果皮薄，黄白色，种子横生、斜生及直立，扁圆形，直径0.5~0.7 mm，赤黑色或黑色，有光泽。

幼苗　子叶2，呈紫红色，长约0.6 cm，狭披针形，先端钝，基部略宽，肉质，具短柄。初生叶2，呈三角状卵形，先端圆，基部戟形，主脉明显，叶柄与叶片近等长，叶片下面有白粉。上胚轴及下胚轴均较发达，下胚轴呈紫红色。后生叶椭圆形或卵形，叶缘有疏钝齿。

【生物学特性】

一年生或二年生草本。花期6~9月，果期8~10月。种子繁殖。4~5月出苗，发芽最适温度为15~25℃，发芽深度在3 cm以内。

【分布与危害】

分布于东北、华北、西北以及河南、山东、江苏、浙江、湖南、西藏等省区；朝鲜、日本、蒙古、伊朗、印度、俄罗斯及欧洲西部也有分布。适生于轻盐碱地；苗圃、田边、路边和荒地常见。主要危害生长在轻盐碱地的蔬菜、果树和林地等，田间或田边均有生长，发生量大，危害重。

【化学防除指南】

敏感除草剂有豆科威、拉索、都尔、乙草胺、杀草胺、大惠利、氟乐灵、地乐胺、除草通、敌草隆、氟草隆、灭草猛、环草特、阔叶散、阔叶枯、苯达松、恶草灵、百草枯、草甘膦、伴地农、圃草定、都莠混剂、都阿混剂等。

第九节　石竹科杂草

石竹科杂草一般为草本，少为半灌木，茎节常膨大。叶对生，全缘，常于基部联合，托叶干膜质或无。花两性，整齐，组成聚伞花序，很少单生；萼片 4~5，离生或联合成管，宿存，花瓣 4~5，常有爪；雄蕊 8~10，通常为花瓣的 2 倍，少为同数或更少；子房上位，1 室或不完全的 2~5 室，花柱 1~5，胚珠多数，为特立中央胎座。蒴果，很少为浆果或瘦果，蒴果顶端瓣裂或齿裂；种子 1 至多数，胚通常弯曲。

一、繁缕 （图 2-52）

【别名】鹅肠草、乱眼子草
【形态特征】
成株　茎细弱，平卧或近直立，株高 10~30 cm，全株鲜绿

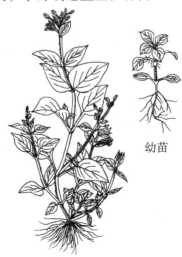

幼苗

图 2-52　繁缕

色。茎的一侧有 1 列短柔毛，其余部分无毛。茎下部及中部叶有
长柄。叶片卵形，基部圆形，先端急尖，两面无毛，中脉较明
显，上部叶较小，具短柄。二歧聚伞花序顶生。苞片小，叶状。
雄蕊常 3～5 枚；花柱 3～4 枚。

果实　蒴果，卵圆形，比萼稍长，6 瓣裂。种子近圆形，两
侧略扁平，褐色，直径约 1 mm，表面有数列细小突起，边缘有数
列半球形钝疣状突起。

幼苗　子叶出土萌发。子叶卵形，长 6 mm，宽 3 mm，先端
急尖，基部阔楔形，有叶脉，无毛，具长柄。下胚轴明显，上胚
轴发达，无毛。初生叶 2 片，对生，卵圆形，先端突尖，具长
柄，柄上疏生长柔毛，两柄基部相联合抱轴。

【生物学特性】

石竹科一年生或二年生草本，种子繁殖。苗期 11 月至翌年 2
月；花期 3～5 月，果期 4～6 月。果实成熟后即开裂，种子散落
土壤中。

【分布与危害】

广泛分布于全国各地，是潮湿肥沃耕地和花圃及果园的常见
杂草，主要危害幼龄林木等。是蚜虫、叶螨和小地老虎的寄主。

【化学防除指南】

适用化学除草剂有扫弗特、大惠利、都尔、氟乐灵、除草
通、伏草隆、克阔乐、苯达松、恶草灵、杀草敏、赛克津、异丙
隆等。

二、牛繁缕（图 2-53）

【别名】鹅儿肠、鹅肠菜
【形态特征】

成株　植株形似繁缕而较粗大。根须状。茎圆柱状而带紫
色，下部卧伏，上部斜立，有分枝，略有短柔毛，茎高 30～

80 cm。叶对生，膜质，卵形或广卵形，先端锐尖，全缘而稍呈波状，叶基部为心形，茎下部的叶有叶柄，长 5~10 mm，上部的叶无柄或极短。聚伞花序顶生，花梗细长，有毛；萼片 5，基部略合生，外面有短柔毛；花瓣 5 片，白色，顶端 2 深裂达基部；雄蕊 10 枚，短于花瓣；子房长圆形，花柱 5 个，呈丝状。

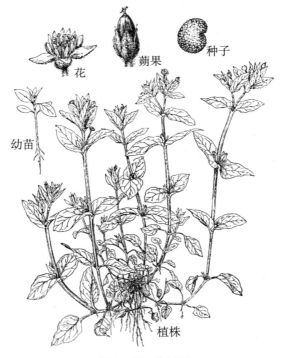

图 2-53 牛繁缕

果实 蒴果，呈卵形，5 瓣裂，每瓣顶端再 2 齿裂；种子多数近肾圆形，稍扁，褐色，表面有疣状突起。

幼苗 子叶出土，卵形，先端锐尖，全缘，具长柄。上、下胚轴均发达，常带紫红色 2 片初生叶阔卵形，先端突尖，叶基近圆形，叶柄疏生长柔毛。

【生物学特性】

一、二年生或多年生草本，苗圃中生长的以一、二年生者较为多见。喜生于潮湿环境。在黄河流域以南地区多于冬前出苗，以北地区，多于春季出苗。花果期5~6月。有些个体由于受到刈割等影响，可延至夏、秋季开花结果，但植株生长较差。

【分布与危害】

我国南北各省均有分布，以长江流域发生和危害更为严重，华南和西南的北部地区也有发生危害较重的报道，此外，华北和东北地区亦有发生的报道，但危害都不严重。与幼株（苗）争水、肥，争空间及阳光，并有碍植株的移栽，是我国苗圃、果园、茶园和夏熟作物田的恶性杂草。

【化学防除指南】

药剂防除可用果尔、捕草净、伴地农、草甘膦、捕灭净、阔叶净、百草敌等。

三、卷耳（图2－54）

【别名】婆婆指甲菜

【形态特征】

成株　株高10~35 cm。茎基部匍匐，上部直立，下部有向下的柔毛，上部混生腺毛。叶线状披针形或长圆状披针形，长1~2.5 cm，宽3~5 mm，顶端尖，基部抱茎，疏生长柔毛，中部叶腋常有狭叶。二歧聚伞花序顶生，具3~7花；花梗细长，6~20 mm，密被白色腺毛，苞片叶状，亦生腺毛；萼片5，披针形，长5~6 mm，有宽膜质边缘，密生长柔毛及腺毛；花瓣5，白色，倒卵形，长为萼片的2倍或更长，先端二裂，裂至全长1/3处，雄蕊10，比花瓣短；子房宽卵形，花柱5。

果实　蒴果，长圆筒形，先端倾斜，有10齿裂。种子肾形，略扁，褐色，表面有疣状突起。

花瓣

蒴果

植株

图 2-54 卷耳

【生物学特性】

多年生草本。花期 6~7 月，果期 7~8 月。以种子及根茎繁殖。

【分布与危害】

分布于黑龙江、吉林、内蒙古、华北、陕西、甘肃、青海和西藏等省区；俄罗斯的西伯利亚、蒙古、日本和美洲也有分布。常生长在砂地（砂丘灌丛间及砂质草原）、砾石地、山地草原、休闲地及牧场上，尤喜生长在含钙和含镁的土壤上。常危害苗圃、蔬菜田和果园，但发生量小，危害轻，属一般性杂草。

【化学防除指南】

敏感除草剂有豆科威、抑草酚、果尔、西玛津、草净津、草甘膦等。

第十节　蓼科杂草

　　蓼科杂草一般为一年生或多年生草本，很少半灌木或灌木。茎直立或半直立蔓性，平卧地面，缠绕或攀缘，节通常肿胀。单叶互生，全缘，稀分裂；基部与托叶形成的叶鞘相连，这种叶鞘称为托叶鞘，圆筒形，膜质。花两性，很少单性异株，整齐、簇生、或由花簇（1 至数朵花簇生于鞘状苞或小苞内）组成穗状，头状，总状或圆锥花序；花梗常有关节，基部有小形的苞片；花被片 5 枚，很少 3 枚、6 枚，花瓣状，宿存；雄蕊通常 8 枚，稀 6 ~ 7 枚或更少；子房上位，花柱 2 ~ 3 裂。果实为瘦果，3 棱形或两面凸形，部分或全体包于宿存的花被内；种子有丰富的粉质胚乳。

一、酸模叶蓼（图 2 – 55）

【别名】大马蓼、旱苗蓼、斑蓼、柳叶蓼
【形态特征】

成株　茎直立，高 30 ~ 120 cm，有分枝，无毛。叶互生，具柄，柄上有短刺毛；叶片披针形或宽披针形，长 5 ~ 12 cm，宽 1.5 ~ 3 cm，叶面绿色，全缘，叶缘及主脉覆粗硬毛；托叶鞘筒状，膜质，脉纹明显，无毛。茎和叶上常有新月形黑褐色斑点。花序为数个花穗构成的圆锥状花序，苞片膜质，边缘生稀疏短睫毛；花被 4 深裂，裂片椭圆形，淡绿色或粉红色，雄蕊 6，花柱 2，向外弯曲。

果实　瘦果，圆卵形，扁平，两面微凹，长 2 ~ 3 mm，宽约 1.4 mm，红褐色至黑褐色，有光泽，包于宿存的花被内。下胚轴发达，深红色。子叶长卵形，长约 1 cm，叶背紫红色，初生时 1，长椭圆形，无托叶鞘；后生叶具托叶鞘。叶上面具黑斑，叶背被绵毛。

图 2-55　酸模叶蓼

【生物学特性】

一年生草本。喜水湿环境。多次开花结实，东北及黄河流域4~5月出苗，花果期7~9月。在长江流域及以南地区的夏收作物田，9月至翌年春出苗，4~5月花果期，先于作物果实成熟。种子繁殖。

【分布与危害】

在东北、河北、山西、河南及长江中下游地区水旱轮作或土壤湿度较大的油菜或小麦田有轻度危害；在广东、福建、广西等水旱轮作的油菜或小麦田为主要杂草，危害较重。朝鲜、日本、印度、前苏联、北美及太平洋沿岸也有分布。生长在路旁湿地、沟渠水边及豆类、水稻田、麦田、油菜田等生境。为一种适应性较强的苗圃及非苗圃杂草。也是水稻田及土壤湿度较大的豆类作物田杂草，但危害较轻。同时也是常见的路埂及沟塘杂草。

【化学防除指南】

敏感除草剂有敌稗、拉索、都尔、灭草猛、茅毒、克阔乐、西玛津、捕草净、阔叶散、苯达松、恶草灵、广灭灵、百草枯、伴地农、都莠混剂等。

二、酸模 （图 2 – 56）

【别名】醋缸、小红根

【形态特征】

成株　株高 15 ~ 80 cm，有酸味。主根粗短，有少数须根，断面黄色。茎直立，细弱，不分枝。叶片椭圆形，长 2 ~ 11 cm，宽 1 ~ 3.5 cm，先端急尖或圆钝，基部箭形，全缘；茎上部的叶较小，披针形，无柄；托叶鞘膜质，斜形，顶端有睫毛。花序狭

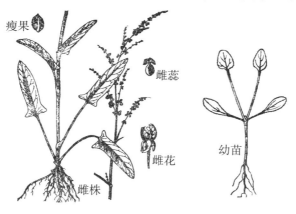

图 2 – 56　酸模

圆锥状，顶生；花单性，雌雄异株，花被片6，椭圆形，成2轮；雄花内轮花被片约3 mm，大于外轮花被片，直立，雄蕊6；雌花内轮花被片结果时显著增大，淡红色，圆形，全缘，基部心形，外轮花被片较小，反折；柱头3。

果实 瘦果，椭圆形，有3棱，暗褐色，有光泽。幼苗子叶出土。下胚轴粗壮，紫红色，上胚轴不发育。子叶阔卵形，长6 mm，宽3.5 mm，先端钝圆，叶基近圆形，具长柄。初生叶1片，梯形，先端近截形，叶基略呈戟形，叶面有红色斑点，无明显叶脉。第1后生叶与初生叶相似，第2后生叶开始叶片为椭圆形，叶基呈箭形。初生叶与后生叶均有膜质筒状托叶鞘，鞘口呈斜形，无睫毛。幼苗全株光滑无毛，根系发达，主根粗壮。

【生物学特性】

多年生草本。适生于山坡阴湿肥沃地及路边荒地。花果期3~6月。种子繁殖。

【分布与危害】

分布于吉林、辽宁、河北、陕西、新疆、江苏、浙江、湖北、四川和云南等省区。蒙古、朝鲜、日本、前苏联及美洲、欧洲也有分布。为常见的果、茶园及路埂杂草，危害轻。

【化学防除指南】

敏感除草剂有绿黄隆、磺草灵、杀草敏、治草灵、百草枯、草甘膦、伴地农、都莠混剂等。

三、皱叶酸模（图2-57）

【别名】羊蹄叶

【形态特征】

成株 根粗大，断面黄棕色，味苦。茎直立，高40~80 cm，常不分枝，具沟槽，无毛。叶片披针形或长圆状披针形，长9~28 cm，宽 1.5～4 cm，先端渐尖，基部楔形，边缘皱波状，两面无毛，叶柄比叶片稍短，上部叶片较小，狭披针形，具短柄，托叶鞘膜质，管状，长 2～3 cm，常破裂。花两性，花序为数个腋生的总状花序，再组成狭圆锥花序，花梗 2～5 mm，果时略伸长，中部以下具关节，外轮花被片椭圆形，长约 1 mm，内轮花被片果时增大，圆卵形，长约 4 mm，网脉明显，边缘微波状或全缘，各具 1 卵形长约 1.7～2.5 mm 的小瘤。雄蕊 6；柱头 3，画笔状。

果实 瘦果，卵状，三棱形，褐色，有光泽，长约 2 mm，包于宿存内轮花被内。下胚轴较发达，上胚轴不发育。子叶 2，披针形，长约 1 cm，具柄。初生叶 1 片，卵形，全缘，先端锐尖。后生叶披针形或长圆状披针形，叶缘稍有波状皱纹。

瘦果　植株　幼苗

图 2－57　皱叶酸模

【生物学特性】

具有粗壮根的多年生草本。喜生于山坡湿地，沟谷、河岸或田边、路旁花果期 6～9 月。种子繁殖。

【分布与危害】

分布于我国东北、华北、西北及内蒙古、福建、广西、台湾、四川、云南等省区。亚洲北部和东部，欧洲、北美和北非也有分布。为常见的果园及路埂杂草，危害轻。

【化学防除指南】

敏感除草剂有绿黄隆、磺草灵、杀草敏、治草灵、百草枯、草甘膦、伴地农、都莠混剂等。

四、萹蓄（图2-58）

【别名】鸟蓼、地蓼、扁竹、竹鞭菜、竹节草、猪芽菜、踏不死

【形态特征】

成株 茎自基部分枝，平卧、斜上或近直立，绿色，常有白粉，有沟纹，株高10~40 cm。叶互生，具短柄或近无柄。叶片

图2-58 萹蓄

狭椭圆形或线状披针形，先端钝或急尖，基部楔形，两面均无毛，侧脉明显。下部叶的托叶鞘较宽，先端急尖，褐色，脉纹明显；上部叶的托叶鞘膜质，透明，灰白色。花遍生于全株叶腋，通常1～5朵簇生，全露或半露于托叶鞘之处；花梗短，顶部具关节；花被5深裂，裂片具白色或粉红色的边缘；雄蕊8枚，短于花被片；花柱3枚，甚短，柱头头状。

果实　瘦果，卵状，三棱形，长1.8～2.5 mm，宽约1.5 mm，表面暗褐色或黑色，具不明显的细纹状小点，无光泽。

幼苗　下胚轴较发达，玫瑰红色。幼苗叶子的叶柄基有托叶鞘。子叶线形，长12～14 mm，宽约2 mm，基部连合，光滑无毛。初生叶1片，宽披针形，先端急尖，基部楔形，全缘，无托叶鞘。后生叶与初生叶相似，叶基部有关节，有透明膜质的托叶鞘。

【生物学特性】

一年生草本，种子繁殖。种子萌发的最适温度为10～20℃；种子出土深度为4 cm以内。在我国中北部地区集中于3～4月出苗，5～9月开花结果。种子成熟即可脱落，经越冬休眠后萌发。

【分布与危害】

分布于全国各地。多生于旱作物田间、果园、路旁、荒地、低丘等地，主要危害果树和花卉等。

【化学防除指南】

敏感除草剂有豆科威、拉索、克阔乐、西玛津、捕草净、阔叶枯、百草枯、伴地农、都阿混剂、都尔、氟尔灵等。

第十一节　旋花科杂草

旋花科杂草一般为一年生或多年生缠绕性草本，少数为灌木或乔木；汁液有时呈乳状；叶互生，不具托叶，单叶，少有复叶。花两性，辐射对称；萼 5 深裂，宿存，雄蕊 5 个，着生在花冠管部，与花冠裂片互生，上位子房，心皮 2 枚，2~4 室，每室具胚珠 2 枚。多数为蒴果，2~4 室瓣裂或周裂，少数为肉果而不开裂。

一、打碗花 (图 2-59)

【别名】 小旋花、喇叭花

【形态特征】

成株 具地下白色横走根茎，质脆易断；茎蔓生，缠绕或匍匐分枝，具细棱，多自基部分枝。叶互生，具长柄。基部叶全缘，长圆状心形，茎中、上部的叶三角状戟形。中裂片披针形或卵状三角形，顶端钝尖，基部心形；侧裂片戟形、开展，通常 2 裂，两面无毛。花单生于叶腋，花梗具角棱，长于叶柄。苞片 2 片，宽卵形，包住花萼，宿存。萼片 5 片，长圆形，略短于苞片。花冠漏斗状，粉红色或淡紫色，直径 2.0~2.5 cm。

果实 蒴果卵圆形，光滑。种子倒卵形，表面有小瘤，黑褐色，长约 4 mm。

图 2-59 打碗花

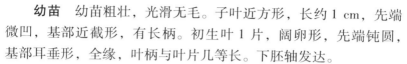

幼苗　幼苗粗壮，光滑无毛。子叶近方形，长约 1 cm，先端微凹，基部近截形，有长柄。初生叶 1 片，阔卵形，先端钝圆，基部耳垂形，全缘，叶柄与叶片几等长。下胚轴发达。

【生物学特性】

旋花科多年生蔓性草本，具粗壮的地下茎。以地下茎茎芽和种子繁殖，田间以无性繁殖为主。华北地区 4 ~ 5 月出苗，花期 7 ~ 9 月，果期 8 ~ 10 月。长江流域地区 3 ~ 4 月出苗，花果期 5 ~ 7 月。再生能力强，耕翻土地时切断的地下根茎可生长成新的植株。

【分布与危害】

全国各地均有分布。适生于湿润而肥沃的土壤，亦耐瘠薄、干旱。由于地下茎蔓延迅速，常成单优势群落，在有些地区成为恶性杂草，是花圃中的主要杂草种类之一。

【化学防除指南】

敏感除草剂有百草敌、都尔、绿黄隆、灭草猛、虎威、莠去津、苯达松、恶草灵、伴地农、都莠混剂、都阿混剂等。

二、田旋花（图 2 - 60）

【别名】中国旋花、箭叶旋花

【形态特征】

成株　茎蔓生或缠绕，具条纹或棱角，上部有疏柔毛。叶互生，戟形，长 2.5 ~ 5 cm，宽 1 ~ 3.5 cm，全缘或 3 裂，中裂片大，卵状长圆形至披针状长圆形，先端钝或具小短尖头，侧裂片开展，呈耳形或戟形，微尖，叶柄长 1 ~ 2 cm，约为叶片的 1/3。花序腋生，有花 1 ~ 3 朵，花梗长 3 ~ 8 cm，苞片 2，线形，远离萼片；萼片 5，卵圆形，边缘膜质，宿存。花冠漏斗状，粉红色，长约 2 cm，先端 5 浅裂；雄蕊 5，花丝基部具鳞毛；子房 2 室，柱头 2 裂，线形。

子实　蒴果，卵状球形或圆锥形。种子卵圆形，无毛，黑褐色。子叶近方形，先端微凹，基部近截形，长约 1 cm；有柄，叶脉明显。初生叶 1 片，近矩圆形，先端圆，基部两侧稍向外突出成距，有叶柄。上、下胚轴均发达。

花　　植株　　幼苗

图 2－60　田旋花

【生物学特性】

多年生缠绕草本，有横生的地下根状茎。秋季近地面处的根茎产生越冬芽，翌年长出新植株，萌生苗与实生苗相似，但比实生苗萌发早，铲断的具节地下茎亦能发生新株。花期 5～8 月，果期 6～9 月。地下茎及种子繁殖。

【分布与危害】

分布于东北、华北、西北和四川、西藏等省区，其他热带和亚热带地区也有分布。为旱作物地常见杂草，荒地、路旁亦极常见，常成片生长。在疏于管理的苗圃中危害较为严重。近年来华北、西北地区危害较严重，已成为难防除杂草之一。是小地老虎和盲蝽象的寄主。

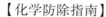

【化学防除指南】

敏感除草剂有百草敌、克阔乐、苯达松、治草灵、都阿混剂、西玛津、莠去津等。

第十二节　酢浆草科杂草

酢浆草科杂草为草本或亚灌木，稀为乔木。叶互生，叶掌状复叶，很少羽状复叶，有时单叶，通常夜间闭合；花两性，整齐，单生或排成伞形、叉状或聚伞花序，萼片5，下位，覆瓦状排列；花瓣5，白、淡红或黄色，分离或于基部连合，旋转排列；雄蕊通常10枚，常有5枚退化，排列为2轮；花丝基部连合；雌蕊1，子房上位，5室，由5心皮结合而成，中轴胎座，每室有1至多个倒生胚珠，花柱5，分离。或连合；柱头头状或浅裂。蒴果，少为浆果；种子有肉质胚乳。

一、酢浆草（图2-61）

【别名】酸味草、酸梅草、酸咪咪
【形态特征】

成株　茎柔弱，多分枝，匍匐或斜生，株高10～30 cm，节上生根。叶互生，三出复叶，叶柄细长。小叶倒心形，先端心形，无柄，被柔毛。伞形花序腋生，总花梗与叶近等长。花黄色，花瓣5片，倒卵形。

果实　蒴果，圆柱形，具5棱，具短柔毛，背裂。子实椭圆形至卵形，褐色。

幼苗　子叶阔卵形，先端圆，基部宽楔形，无毛，有短柄。初生叶1片，为掌状三出复叶，小叶倒心形，先端凹陷，叶柄淡红色，叶柄及叶缘均有白色长柔毛。叶有酸味。

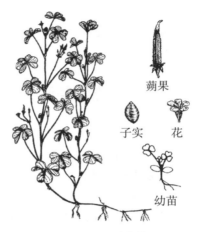

图 2 - 61 酢浆草

【生物学特性】

酢浆草科，多年生草本，种子繁殖。华北地区 3～4 月出苗，花期 5～9 月，果期 6～10 月。

【分布与危害】

全国各地均有分布。适生于潮湿环境，亦能耐干旱，为旱作物地较常见之杂草，多生于蔬菜地、林下、苗圃、果园、温室等地，荒地、路边、墙脚亦常见。

【化学防除指南】

敏感除草剂有茅毒、克阔乐、杂草焚、西玛津、赛克津、苯达松、恶草灵等。

二、铜锤草（图 2 - 62）

【别名】红花酢浆草、大酸味草

【形态特征】

成株　无地上茎，地下部分有球状鳞茎。指状三出复叶，均基生；小叶 3，扁圆状倒心形，长 1～4 cm，宽 1.5～6 cm，先端

凹，心形，基部楔形，被毛，两面有棕红色瘤状小腺点；叶柄长
5~30 cm，被毛。伞房花序基生，与叶近等长或稍长，有5~10
花，淡紫红色，长约1 cm；萼片5，顶端有2红色长形小腺体；
花瓣5，窄倒卵形；雄蕊10，5长5短，花丝下部合生成筒，上
部有毛。子房长椭圆形，花柱5，分离。

果实 蒴果，短条形，角果状，长1.7~2 cm，有毛。

幼苗 子叶出土，卵圆形；下胚轴发达，略带红色，上胚轴
不发达；初生叶1片，互生，小叶3，宽倒心脏形至倒肾形，先
端凹缺，被毛和红棕色小腺点。

小叶片

植株　花瓣

图2-62　铜锤草

【生物学特性】

多年生无茎草本。鳞茎极易分离，故繁殖迅速。花、果期
6~9月。鳞茎及种子繁殖。

【分布与危害】

在广东、湖南等省较普遍；我国南北各省均有分布。适生
于潮湿、疏松的土壤；为蔬菜地、果园地和苗圃地较常见的
杂草。

【化学防除指南】

敏感除草剂有茅毒、克阔乐、杂草焚、西玛津、赛克津、苯达松、恶草灵等。

第十三节　唇形科杂草

唇形科杂草多为草本或灌木，稀为乔木和藤本，常含芳香油。茎和枝条多数四棱形。叶对生。很少轮生，单叶或复叶；无托叶。花两性，两侧对称，二唇形；萼宿存，常5裂，有时唇形；花冠合瓣，顶端5或4裂，通常上唇2裂或无，下唇3裂，花冠筒内常有毛环；雄蕊4枚，2长2短，或上面2枚不育，着生花冠管上，花药2室；雌蕊由2心皮组成，子房上位，2室，每室有2胚珠，花柱1，柱头2浅裂。果实常由4个小坚果组成。

一、紫苏（图2-63）

【别名】白苏、青苏、白紫苏、香苏

【形态特征】

成株　株高0.3~2 m。茎直立，绿色或紫色，密被长柔毛，基部木质化。叶阔卵形或圆形，长7~13 cm，宽4.5~10 cm，两面绿色或紫色，或仅下面紫色，两面均被毛，先端突尖、渐尖或尾尖，基部圆形或阔楔形，边缘有粗锯齿，叶柄长3~5 cm，被毛。轮伞花序2花，组成密被长柔毛、偏向一侧的顶生及腋生总状花序，长1.5~15 cm，苞片宽卵形或近圆形，外被红褐色腺点，无毛，边缘膜质；花萼钟形，10脉，直伸，下部被长柔毛，夹有黄色腺点，内面喉部有疏柔毛环，果时增大，萼檐二唇形；花冠白色至紫红色，二唇形，上唇先端微凹，下唇3裂，中裂片较大；雄蕊4，几不伸出，前对稍长，花药2室，室平行，后叉开；花柱先端相等2浅裂；花盘前方呈指状膨大。

果实　小坚果，近球形，直径约 1.5 mm，灰褐色，具网纹。

幼苗　子叶倒肾形，长 5 mm，宽 6.5 mm，先端微凹，基部截形，具长柄；上下胚轴均发达，紫红色，被柔毛；初生叶阔卵形，先端急尖，叶基圆形，边缘有粗锯齿，叶片绿色或紫红色，有油点，具叶柄；后生叶与初生叶相似。

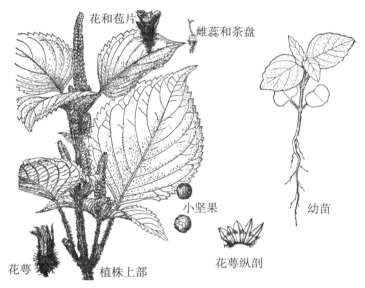

图 2 - 63　紫苏

【生物学特性】

一年生草本。早春出苗，花期 8~10 月，果期 10~12 月。种子繁殖。

【分布与危害】

全国各地广泛栽培并逸生为杂草。生于山脚路旁，为果园、茶园、苗圃及路埂常见杂草。发生量较大，危害较重。

【化学防除指南】

敏感除草剂有百草敌、茅毒、杂草焚、赛克津、都阿混剂等。

二、夏至草（图2-64）

【别名】灯笼棵、白花夏枯草

【形态特征】

成株 株高15~45 cm。茎四棱形，具沟槽，常于基部分枝。叶近圆形或卵形，径1~3 cm，掌状3深裂，基部心形或楔形，裂片边缘有长圆形齿或圆齿，两面绿色，均被短柔毛及腺点，叶柄长0.8~3 cm，亦被短柔毛。轮伞花序，径1~1.5 cm，在枝上部密集；小苞片长约4 mm，刚毛状，被短柔毛；花萼管状钟形，长约4 mm，被短柔毛，有5脉，萼齿5，三角形，先端具刺尖；花冠白色，长5~7 mm，稍伸出萼筒，外部被短柔毛，内部无毛环，上唇直立，全缘，下唇3浅裂；雄蕊4，着生花冠管中部，内藏，前对雄蕊较长；花柱先端2浅裂。花盘平顶。

幼苗上部　　　植株

图2-64　夏至草

果实 小坚果，长卵形或倒卵状三棱形，长 1.2 ~ 1.5 mm，宽约 1 mm，先端钝，背部稍突出，腹面中棱与侧棱之间常有凹陷，黑色、褐色或淡褐色，表面着生白色或黄褐色的鳞秕。

幼苗 深绿色，除子叶外，均被稀疏的短毛。下胚轴较发达；子叶近圆形，长 0.5 ~ 0.7 cm，先端微凹，基部心形，子叶叶柄比叶片长。初生叶 2 片，对生，近圆形，边缘具稀疏的钝锯齿，先端圆，基部心形，叶脉明显，下具长柄，上胚轴不发达。

【生物学特性】

多年生草本。种子于当年萌发，产生具莲座状叶的植株越冬，翌年才开花结果。花期 3 ~ 4 月，果期 5 ~ 6 月。种子繁殖。

【分布与危害】

国内广泛分布；俄罗斯及朝鲜也有分布。喜肥沃的土壤，但适应性很广。常生长在苗圃及荒地、宅旁、路边等处，在菜园、田边生长更多，危害一般。

【化学防除指南】

敏感除草剂有茅毒、克阔乐、赛克津等。

第十四节　其他科杂草

一、粟米草（图 2 - 65）

【别名】万能解毒草、降龙草

【形态特征】

成株 全株光滑无毛。茎柔弱直立，基部多分枝，高 10 ~ 30 cm。叶常 3 ~ 5 片轮生或对生，披针形或线状披针形，长 1.5 ~ 4 cm，宽 0.2 ~ 0.7 cm，先端尖，全缘，基部楔形，渐狭成短柄，主脉明显，侧脉不明显。二歧聚伞花序，顶生或腋生，总花梗细长，花小，淡绿色多萼片 5，长 1.5 ~ 2 mm，边缘膜质，椭圆形，宿存；缺花瓣，雄蕊 3，花丝扩大；花柱 3，短线形，子房 3 室。

果实 蒴果，卵圆形或近球形，直径约 2 mm，果皮薄膜质，3 瓣裂，种子多数；种子细小，肾形，扁平，黄褐色或红色，有很多瘤状突起。

幼苗 幼苗全体光滑无毛，下胚轴不发达，略带紫色；子叶长椭圆形，长约 3 mm，具短柄；初生叶为 1 片，倒卵形，基部楔形，全缘，具短柄；第 3 片真叶以后为阔披针形。

幼苗

植株

图 2 - 65 粟米草

【生物学特性】

一年生草本。苗期 4 ~ 5 月，花果期 7 ~ 9 月。种子繁殖，结实量大。

【分布与危害】

河南省、山东省是该种分布的北界；日本、印度、马来西亚也有分布。喜阳光及湿度中等的土壤，但亦耐旱，在丘陵山区坡岗砂质耕地尤为多见。为淮河、秦岭以南各省（区）苗圃及秋旱作物田极为常见的杂草，对作物有一定的危害，局部地区危害较重。

【化学防除指南】

敏感除草剂有豆科威、拉索、都尔、毒草胺、大惠利、氟乐灵、除草通、敌草隆、伏草隆、利谷隆、灭草猛、莠丹、虎威、杂草焚、克阔乐、抑草酚、莠去津、西玛津、草净津、赛克津、捕草净、苯达松、阔叶散、百草枯、草甘膦、伴地农、茅毒等。

二、马齿苋（图 2 - 66）

【别名】马齿菜、马蛇子菜

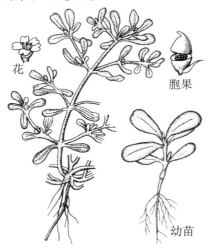

图 2 - 66　马齿苋

【形态特征】

成株　全株光滑无毛。肉质草本，常匍匐，无毛，茎带紫色。叶互生或假对生，楔状长圆形或倒卵形，先端钝圆，截形或微凹，有短柄，有时具膜质的托叶。花小，直径 3~5 mm，无梗，3~5 朵生于枝顶端。花萼 2 片。花瓣 4~5 片，黄色，先端凹，倒卵形。雄蕊 8~12 枚，花柱顶端 4~6 裂，呈线形。子房半下位，1 室，特立中央胎座。

幼苗　子叶卵形至椭圆形，先端钝圆，基部宽楔形，肥厚，带红色，具短柄。初生叶 2 片，对生，倒卵形，缘具波状红色狭边，基部楔形，具短柄。全株光滑无毛，稍带肉质。

【生物学特性】

一年生杂草。世界恶性杂草，混生于各种作物及苗圃中。结实量极大，平均每株可产种子 14 400 粒以上。

【分布与危害】

遍及全国，对华北地区危害最重。常生于田野路边及庭园废墟等向阳处，在温暖、湿润、土壤肥沃的园林中危害更重。

【化学防除指南】

敏感除草剂有拉索敌稗、大惠利、伏草隆、灭草猛、茅毒、赛克津、捕草净、眼镜蛇、阔叶散、苯达松、恶草灵、百草枯、除草通、莠丹、圃草定、虎威、仙治、果尔、都阿混剂等。

三、半夏（图 2-67）

【别名】三步倒、三叶半夏、三步跳、三叶老、半月莲、地八豆

【形态特征】

成株　块茎球形或扁球形，直径 1~2 cm，下部从叶基周围生出多数须根。叶从块茎顶端生出；一年生幼苗期为单叶，戟形或卵状心形。2~3 年生长约 25 cm，柄下部内侧面生一白色珠芽，

有时叶端也有一枚，卵形。花葶高出叶，长约 30 cm，佛焰苞全长 5～7 cm，下部细管状，绿色，长约 2.5 cm，内部黑紫色。肉穗花序下部雌花部分长约 1 cm，基部一侧与佛焰苞贴生，上部生雄花，长约 5 mm，雌、雄花二者之间有一段不育部分；顶端附属体鼠尾状，长 6～10 cm，子房具短而明显的花柱，花药 2 室，直缝开裂。

果实 浆果，卵形或卵状椭圆形；长 4～5 mm，熟时红色。

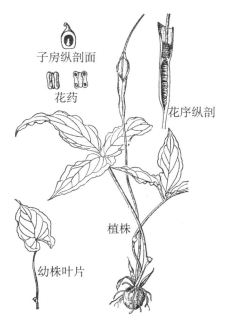

图 2－67 半夏

【生物学特性】

多年生草本。春季萌发长苗，5～7 月开花，8 月果实成熟。5～6 月间成熟的株芽，随地上部的衰老而坠落土壤发芽生长。以种子和株芽繁殖。

【分布与危害】

东北、华北以及长江流域诸省均有分布。喜生于肥沃的砂质土地上，也生于阴湿的林下，为茶园、小麦、蔬菜田及苗圃杂草。

【化学防除指南】

敏感除草剂有百草枯和草甘膦等。

四、苘麻（图 2 − 68）

【别名】 青麻、白麻

【形态特征】

成株 株高 1 ~ 2 m，茎直立，上部有分枝，具柔毛。叶互生，圆心形，先端尖，基部心形，长 5 ~ 10 cm，两面密生星状柔毛；叶柄长 3 ~ 12 cm。花单生叶腋，花梗长 1 ~ 3 cm，近端处有节；花萼杯状，5 裂；花黄色，花瓣 5，倒卵形，长 1 cm；心皮 15 ~ 20，排列成轮状。

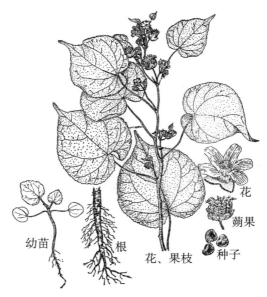

图 2 − 68 苘麻

果实 蒴果，半球形，直径 2 cm，分果瓣 16 ~ 20，有粗毛，具喙，顶端有 2 长芒，芒长约 5 mm。种子肾形，具星状毛。成熟时黑褐色。

幼苗 全体被毛。子叶心形，长 1 ~ 1.2 cm，先端钝，基部心形，具长叶柄。初生叶 1 片，卵圆形，先端钝尖，基部心形，叶缘有钝齿，叶脉明显。下胚轴发达。

【生物学特性】

一年生草本。4 ~ 5 月出苗，花期 6 ~ 8 月，果期 8 ~ 9 月。种子繁殖。

【分布与危害】

全国广布，北半球温带亦广泛分布。适生于较湿润而肥沃的土壤，原为栽培植物，后逸为野生。为作物田、蔬菜田及苗圃杂草，荒地、路旁亦有生长。

【化学防除指南】

敏感除草剂有百草敌、都尔、利谷隆、灭草猛、虎威、眼镜蛇、莠去津、西玛津、赛克津、阔叶枯、苯达松、广灭灵、百草枯、伴地农、都阿混剂等。

五、附地菜（图 2 - 69）

【别名】地胡椒、鸡肠草、地铺圪草

【形态特征】

成株 茎常自基部分枝，枝纤细，有时微带紫红色，被短糙伏毛，直立或斜生，高 5 ~ 35 cm。基生叶有长柄，叶片匙形，椭圆形或椭圆状卵形，长 1 ~ 2 cm，宽 5 ~ 15 mm，先端钝或尖，基部狭窄，全缘，两面均有短糙伏毛；茎中部的叶，叶柄短或近无柄，中部以上叶渐变小。花序生于枝顶，果期伸长，长达 20 cm，无苞叶或仅在基部有 1 ~ 3 片苞叶；花萼 5 深裂，裂片长圆形或披针形，先端尖锐，花冠直径 1.5 ~ 2 mm，淡蓝色，5 裂，裂片卵圆形，先端钝，喉部附属物5，黄色，雄蕊5，内藏；子房4裂。

果实 为小坚果，三角状锥形，棱尖锐，长度不到0.8~1 mm，疏生短毛或无毛，黑色，光亮，具短柄，向一侧弯曲。

幼苗 全株被糙伏毛。上、下胚轴均不发达。子叶近圆形，直径2~3 mm，全缘，具短柄。初生叶1，与子叶相似，中脉微凹，具长柄。

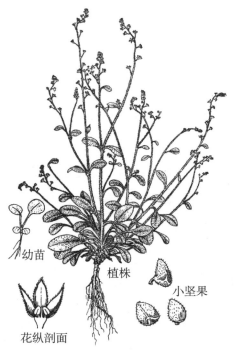

幼苗

植株

小坚果

花纵剖面

图2-69 附地菜

【生物学特性】

一年生或二年生草本。花期3~6月，果实于5~7月成熟落地。种子繁殖。

【分布与危害】

分布于华北、东北、西北、西南、华东、华中及广西、福建等省区；欧洲东部、日本、朝鲜和俄罗斯远东地区也有分布。生于平原、丘陵较湿润的苗圃、路旁、荒地或灌丛中，在肥沃湿润的苗圃中常见大片草丛。危害夏收作物、蔬菜及果树，在局部苗圃发生量大，受害较重。

【化学防除指南】

适用化学除草剂有氟草定和苯磺隆等。

六、龙葵（图 2-70）

【别名】野海椒、野茄秧、老鸦眼子

【形态特征】

成株 植株粗壮，高 0.3~1.2 m；茎直立，多分枝，绿色或紫色，近无毛或被微柔毛。叶卵形，长 2.5~10 cm，宽 1.5~5.5 cm，先端短尖，叶基楔形至阔楔形而下延至叶柄，全缘或具不规则的波状粗齿，光滑或两面均被稀疏短柔毛；叶柄长 1~2 cm。蝎尾状聚伞花序腋外生，通常着生 3~10 朵花；花萼杯状，绿色，5 浅裂；花冠白色，辐状，5 深裂，裂片卵圆形，长约 2 mm，花丝短，花药黄色，顶孔向内；子房卵形，花柱中部以下被白色绒毛，柱头小，头状。

果实 浆果，球形，直径约 8 mm，成熟时黑色；种子近卵形，两侧压扁，长约 2 mm，淡黄色，表面略具细网纹及小凹穴。

幼苗 子叶阔卵形，长 9 mm，宽 5 mm，先端钝尖，叶基圆形，边缘生混杂毛，具长柄。下胚轴极发达，密被混杂毛，上胚轴极短。初生叶 1 片，阔卵形，先端钝状，叶基圆形，叶缘生混杂毛，羽状网脉，密生短柔毛。后生叶与初生叶相似。

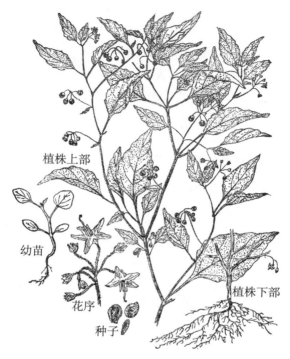

植株上部

幼苗

花序

种子

植株下部

图 2 - 70　龙葵

【生物学特性】

一年生直立草本。花果期 9 ~ 10 月。种子繁殖。

【分布与危害】

我国各地均有分布，欧洲、亚洲、美洲的温带至热带地区也广泛分布。喜生于田边、荒地及村庄附近，为大豆、甘薯、蔬菜田和路埂常见杂草，果园、苗圃也有发生，危害一般。

【化学防除指南】

敏感除草剂有百草敌、拉索、都尔、敌草隆、伏草隆、豆科威、杂草焚、克阔乐、眼镜蛇、莠去津、西玛津、捕灭津、杀草净、苯达松、恶草灵、草甘膦、伴地农、阔叶散等。

七、葎草（图 2 –71）

【别名】勒草、拉拉藤、拉拉秧、锯子草、降龙草、五爪龙等

【形态特征】

成株　根系发达，主根长 1.5 m 以上。茎蔓生，茎、枝和叶柄有倒生皮刺。叶纸质，对生或互生，具长柄，叶片掌状深裂，5 ~ 7 裂片，裂片卵状椭圆形，边缘有粗锯齿，两面均有粗糙刺毛。花单性，雌雄异株。雄花小，淡黄绿色，腋生或顶生，排列成 15 ~ 25 cm 的圆锥花序，花被片和雄蕊各 5 枚；雌花排列成近圆形的穗状花序，腋生；每个苞片内有 2 片小苞片，每一小苞内都有 1 朵雌花，小苞片卵状披针形，被有白刺毛和黄色小腺点；花被片退化为全缘的膜质片，紧包子房；柱头 2 枚，红褐色。

果实　瘦果扁球形，淡黄色或褐红色，直径约 3 mm，被黄褐色腺点。

幼苗　子叶带状，长 2.0 ~ 3.8 cm，叶上面有短毛，无柄。下胚轴发达，微带红色；上胚轴不发达。初生叶 2 片，卵形，对生，3 裂，每裂片边缘具钝齿，有柄，叶片与叶柄皆有毛。

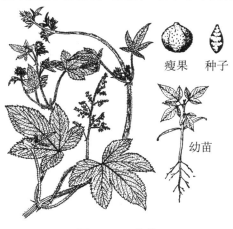

瘦果　种子

幼苗

图 2 –71　葎草

【生物学特性】

一年生或多年生缠绕草本。种子繁殖，适宜发芽温度为 10~20℃，最适为 15℃，发芽深度 2~4 cm。北方地区一般 2 月下旬即可出苗，3 月下旬至 4 月下旬为出苗盛期，5 月下旬后不再出苗。7~10 月为花果期。种子越冬休眠后萌发。

【分布与危害】

除青海和新疆外，国内各地均有分布。为果园、苗圃常见杂草，地边、荒地也多有发生，半阴、排水良好的肥沃土壤中发生更重。

【化学防除指南】

敏感除草剂有百草枯、百草敌、阔叶净、阔叶散、草甘膦等。

八、鸭跖草（图 2-72）

【别名】 蓝花草、鸡冠菜、鸭跖菜、淡竹叶、竹节草、萤火草

【形态特征】

成株 茎下部匍匐生根，上部直立或斜生，长 30~50 cm。叶互生，披针形至卵状披针形，基部下延成鞘，有紫红色条纹，总苞片佛焰苞状，有长柄，生于叶腋，卵状心形，稍弯曲，边缘常有硬毛，花数朵，略伸出苞外；花瓣 3，2 片较大，深蓝色，1 片较小，色淡，雄蕊 6，3 枚能育而长，3 枚退化，先端呈蝴蝶状。

果实 蒴果，椭圆形，2 室，有 4 粒种子，种子表面凹凸不平，土褐色或深褐色。

幼苗 子叶顶端膨大，留在种子内成为吸器，子叶鞘膜质包着一部分上胚轴，下胚轴很发达，紫红色。初生叶 1 片，互生，单叶，卵形，叶鞘闭合，叶基及鞘口均有柔毛。后生时 1 片，互生，呈卵状披针形，全缘，叶基阔楔形。幼苗全株光滑无毛。

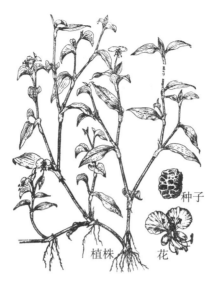

图 2 – 72 鸭跖草

【生物学特性】

一年生草本。花果期 6 ~ 10 月。

【分布与危害】

全国各地均有分布。生于路旁、田埂、山坡、林缘阴湿处及苗圃中，对大豆、小麦、玉米等旱作物为害严重。

【化学防除指南】

药剂防除可用稳杀得、拉索、都尔、乙草胺、敌稗、氟乐灵、恶草灵、草甘膦、灭草胺、盖草能、伏草隆、2 甲 4 氯、百草枯、克阔威等。

九、萝藦 （图 2 –73）

【别名】天浆壳、赖瓜瓢

【形态特征】

成株 全体含乳汁。茎缠绕，长可达 2 m 以上，幼时密被短柔毛。叶对生，卵状心形，长 5～12 cm，宽 4～7 cm，两面无毛，叶背面粉绿或灰绿色，叶具 2～5 cm 的长柄，顶端丛生腺体。总状式聚伞花序腋生，总花梗长 6～12 cm；花蕾圆锥状，萼片5 裂，裂片披针形，被柔毛，花冠白色，有淡紫红色斑纹，近辐状，5 裂，裂片披针形，顶端反折，内面被柔毛；副花冠环状，5 短裂，生于合蕊冠上；花粉块卵圆形，每室 1 个，下垂，柱头延伸成长喙，长于花冠，顶端 2 裂。

果实　蓇葖果，长卵形，角状，叉生，长约 10 cm，宽 3 cm。种子褐色，顶端具白色绢丝状毛。

幼苗　子叶长椭圆形，长 1.5 cm，宽 0.7 cm，先端钝圆，叶基圆形，有明显羽状脉，全缘，具叶柄。上下胚轴都很发达，绿色。初生叶 2 片，对生，卵形，先端急尖，叶基钝圆，具长柄，后生叶与初生叶相似。

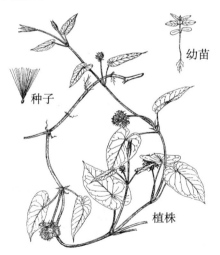

幼苗

种子

植株

图 2-73　萝藦

【生物学特性】

多年生草本。花期 7～8 月，果期 9～12 月。地下有根状茎横生，黄白色。由根芽和种子繁殖，种子成熟后随风传播。

【分布与危害】

分布于东北、华北、华东以及甘肃、贵州和湖北等省区。多生于潮湿环境，亦耐干旱。为果园、茶园及桑园的杂草，部分果园、苗圃和旱作物田受害较重。河边、路旁、灌丛和荒地亦有生长。

【化学防除指南】

敏感除草剂有 2 甲 4 氯、百草枯、草甘膦、阔叶净等。

十、车前（图 2 - 74）

【别名】车前草、车轮菜

【形态特征】

成株　高 20 ~ 60 cm，具须根。叶基生，直立，卵形或宽卵

幼苗

植株

图 2 - 74　车前

形，长 4～15 cm，宽 3～9cm，先端圆钝，全缘或呈不规则的波状浅齿，两面无毛或有短柔毛，具弧形脉 5～7 条，叶柄长 5～22 cm，基部扩大成鞘。穗状花序占上端 1/3～1/2 处，花疏生，绿白色或淡绿色；苞片宽三角形，较萼片短，二者均有绿色宽龙骨状突起；花萼裂片倒卵状椭圆形或椭圆形，长 2～2.5 mm，有短柄；花冠裂片披针形，长约 1 mm，先端渐尖，向外反卷。

果实 蒴果，椭圆形，长 2～4 mm，周裂；种子长圆形，长约 1.5 mm，黑棕色，腹面明显平截，表面具皱纹状小突起，无光泽。

幼苗 子叶长椭圆形，长约 0.7 cm，先端锐尖，基部楔形。初生叶 1，椭圆形至长椭圆形，先端锐尖，基部渐狭至柄，柄较长，主脉明显，叶片及叶柄皆被短毛。上、下胚轴均不发达。

【生物学特性】

多年生草本。春季出苗，华北地区花果期 6～9 月。种子繁殖。

【分布与危害】

几乎遍布全国，俄罗斯、日本、印度尼西亚也有分布。适生于湿润处，农田、路边、沟旁等处常见。部分果园、苗圃中较多，危害较重。

【化学防除指南】

敏感除草剂有百草敌、噻草胺、安磺灵、地乐酚、莠去津、草净津、威尔柏、敌草腈、苯达松、异草定、莠迫死、百草枯等。

第三章　苗圃化学除草

第一节　化学除草剂

一、化学除草剂的分类

目前，市场上销售的除草剂商品有上百种。对这些除草剂进行合理的分类，有利于我们较快地掌握它们的特性。除草剂的分类方法有多种，但每种分类都不是绝对的。常用的分类依据有：使用时间、对作物的选择性、防治对象、在植物体内传导特性、作用机理、化学结构等。

（一）根据使用时间分类

（1）土壤处理剂。这类除草剂在杂草出苗前施用，对未出苗的杂草有效，对出苗杂草活性低或无效。如二硝基苯胺类氟乐灵、二甲戊灵、取代脲类敌草隆等。

土壤处理除草剂的除草效果受环境条件影响较大，特别是土壤墒情、质地、有机质含量等。土壤表面干燥，施药后又长期不下雨，除草效果会下降。在黏土和有机质含量高的地块，土壤颗粒吸附除草剂能力比沙土或有机质含量低的地块强。因此，在黏土和有机质含量高的地块除草剂的用量应大一些。

（2）茎叶处理剂。这类除草剂在杂草出苗后施用，对出苗的杂草有效，但不能防除未出苗的杂草。如喹禾灵、2甲4氯、草甘膦等。杂草植株大小对茎叶处理剂的敏感性差别很大。一般来说，小苗比大苗敏感。大多数茎叶处理除草剂在杂草2~5叶期使用，才能达到理想的除草效果，杂草长大后再施用防除效果会下降，甚至无效。但作为茎叶处理剂，也不能使用太早。因为茎叶处理除草剂只能杀死已出苗的杂草，对未出苗的杂草无效，使用过早，杀死早出苗的杂草后，后出苗的杂草仍会造成危害。茎叶处理除草剂的最佳使用时间应是在杂草较小，但绝大多数杂草都已出苗时。茎叶处理除草剂除草效果比较稳定，受环境条件影响小。但在特别干旱情况下，除草剂效果也可能下降。

土壤处理除草剂和茎叶处理除草剂不是绝对的，有些土壤处理除草剂兼有茎叶处理作用，有些茎叶处理除草剂兼有土壤处理作用。

（二）根据对作物的选择性分类

（1）选择性除草剂。这类除草剂在一定剂量范围内，能杀死杂草，而对作物无毒害或毒害很低。如2，4-滴、麦草畏、灭草松、燕麦畏、敌稗、吡氟禾草灵等。除草剂的选择性是相对的，只有在一定的剂量下，对某些作物的特定生长期是安全的。施用剂量过大或在作物敏感期施用同样会影响到作物的生长和发育，甚至完全杀死作物。如2，4-滴丁酯在小麦4叶至拔节前施用很安全，但在拔节后施用则会造成药害，导致减产。该除草剂只对禾谷类作物安全，对棉花、油菜等阔叶作物杀伤作用很大，在很低的剂量下，就可导致敏感的作物发生药害。

（2）灭生性除草剂。这类除草剂对所有植物（包括作物和杂草）都有毒害作用，如草甘膦、百草枯（克无踪）等。灭生性除草剂主要用在非耕地或作物出苗前杀灭杂草，在作物生长季节使用必须用带保护罩的喷雾器，在作物行间定向喷雾，防止除草剂喷到作物上。

（三）根据对不同类型杂草的活性分类

（1）禾本科杂草除草剂。主要用来防除禾本科杂草的除草剂，如芳氧苯氧丙酸类除草剂能防除很多一年生和多年生禾本科杂草，对其他杂草无效。又如二氯喹啉酸，对稗草有特效，对其

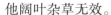

他阔叶杂草无效。

（2）莎草科杂草除草剂。主要用来防除莎草科杂草的除草剂，如莎扑隆，能在水、旱地防除多种莎草，但不能防除其他杂草。

（3）阔叶杂草除草剂。主要用来防除阔叶杂草的除草剂，如苯磺隆。

（4）广谱除草剂。能有效地防除单、双子叶杂草的除草剂。如烟嘧磺隆（玉农乐），能防除多数禾本科杂草和阔叶杂草。又如草甘膦，对大多数杂草都有效。

（四）根据在植物体内的传导方式分类

（1）内吸性除草剂。这类除草剂可被植物根或茎、叶、芽鞘等部位吸收，并经输导组织从吸收部位传导至其他器官，破坏植物体内部结构和生理平衡，造成杂草死亡。如2甲4氯、吡氟禾草灵、草甘膦等。内吸性除草剂除了能杀死杂草的地上部分外，也能杀死地下部分。因此，防除多年生杂草，最好选用内吸性除草剂。

（2）触杀性除草剂。这类除草剂不能在植物体内传导或移动性很差，只能杀死植物接触到药剂的部位，未接触药剂的部位不受影响。如敌稗、克无踪（百草枯）等。喷施这类除草剂时，需均匀喷雾，使除草剂药滴覆盖杂草全株才能达到较好的除草效果。

（五）根据化学结构分类

根据化学结构不同，除草剂可以分为苯氧羧酸类、二苯醚类、酰胺类、均三氮苯类、取代脲类、氨基甲酸酯类、磺酰脲类、苯甲酸类、二硝基苯胺类、酚类、有机杂环类、有机磷类、脂肪酸类等。

二、化学除草剂的剂型

绝大多数合成的除草剂原药不能直接施用，须在其中加入一些助剂（溶剂、填充料、乳化剂、湿润剂、分散剂、黏着剂、抗凝剂、稳定剂等）制成一定含量的适合使用的制剂形态，即剂型。了解制剂的一些常识，能帮助我们正确、有效地使用除草剂。

除草剂剂型可分为两大类：液体制剂和固体制剂。常用的液体制剂有水剂、乳油、悬浮剂和水乳剂；常用的固体制剂则有可湿性粉剂、颗粒剂、可溶性粉剂、干悬浮剂、水分散粒剂和片剂。

1. 水剂

水剂是水溶性的农药溶于水中而成的液剂。如48%灭草松水剂、20%百草枯水剂、10%草甘膦水剂。该剂型对水稀释时，不形成白色乳状液。有些水剂中加了颜色，便于对水稀释时，看见稀释液颜色发生变化。有些水剂，没有添加颜色，对水稀释后，稀释液仍是清亮的，不要因此认为是加的药量太少或除草剂质量不好。随意加大药量，会导致药害发生。为了提高药效，配药时可加一些表面活性剂。

2. 乳油

乳油是最为常见剂型，由原药加有机溶剂和乳化剂配制成的透明液体。对水后，分散于水中呈乳状液。此剂型脂溶性大，附着力强，能透过植物表面的蜡质层。该剂型含有有机溶剂，易着火，对人、畜和环境的毒性较大。因此，在使用时应加强防护。

3. 悬浮剂（胶悬剂）

悬浮剂是固体农药以极微小的颗粒分散在液体中形成的稳定悬浮剂，使用前用水稀释。它是将固体的农药加入适量的湿润剂、分散剂、增稠剂、防冻剂、消泡剂和水，经湿磨而成。质量好的悬浮剂在长期贮藏后不分层、不结块，用水稀释后仍易分散、悬浮性好。有些悬浮剂的除草剂产品，在贮藏后会出现轻微分层现象，一般来说，对药效影响不大。但劣质悬浮剂贮藏后会出现严重分层、结块现象，其药效差。购买悬浮剂除草剂时，如发现结块，摇动后仍不能分散的，不要购买。在使用悬浮剂时，配药前应充分摇匀。

4. 水乳剂（浓乳剂）

水乳剂是指亲油性有效成分以浓厚的微滴分散在水中呈乳液状的一种剂型。如6.9%骠马浓乳剂。该剂型的流动性比悬浮剂好，不易分层。另外，该剂型不含有机溶剂或仅含有少量有机溶剂，因而不像乳油，不着火，对人、畜毒性低，对环境影响小。

5. 颗粒剂

颗粒剂由原药加辅助剂和固体载体制成的粒状制剂，如5%丁草胺颗粒剂。颗粒剂撒施于水田后，遇水崩解，有效成分在水中扩散、分布全田而形成药层。该剂型使用简便、安全。但在使用时，特别要注意撒施均匀，以免产生药害。另外，施用的田间应有一定的水层，才能保证药剂在田里均匀扩散，以保证防效。该剂型在贮藏过程中易吸水，应注意防潮。

6. 可湿性粉剂

可湿性粉剂是原药同填充料（如碳酸钙、陶土、白瓷土、滑石粉、白炭黑等）和一定量的湿润剂及稳定剂混合磨制成的粉状制剂，如25%绿麦隆可湿性粉剂。可湿性粉剂易被水湿润，可均匀分散或悬浮于水中，宜用水配成悬浮液喷雾，使用时要不断搅匀药液。也可用土拌成毒土撒施。该剂型在贮藏过程中易吸水，应注意防潮。

7. 可溶性粉剂

可溶性粉剂是指在使用浓度下，有效成分能迅速分散，而完全溶解于水中的一种粉剂。外观呈流动性粉粒。此种剂型的有效成分为水溶性，填料可是水溶性，也可是非水溶性。

8. 干悬浮剂

干悬浮剂是可在水中自发分散成极细的微粒，形成相对稳定的悬浮液的粉粒固体制剂。干悬浮剂和可湿性粉剂相比，在水中的分散度高，有效成分的微粒小。因此，在相同有效含量下，干悬浮剂的活性高于可湿性粉剂。该剂型在贮藏过程中易吸水，应注意防潮。

9. 水分散粒剂

水分散粒剂和干悬浮剂一样，在水中自发分散成极细的微粒，形成相对稳定的悬浮液，但水分散粒剂是粒状制剂。和干悬浮剂比较，水分散粒剂无粉尘污染问题，但价格会高些。

10. 片剂

片剂是原药加填料、黏着剂、分散剂、湿润剂等助剂加工而成的片状制剂。该剂型使用方便，直接投放在水田，或兑水稀释后喷雾。

三、除草剂的杀草原理和选择性

（一）除草剂的吸收与传导

除草剂进入植物体内并传导到作用部位是其杀死植物的第一步。如果除草剂不能被植物吸收，或吸收后不能被传导到作用部位，就不能发挥除草活性。除草剂进入植物体内及在植物体内的传导方式因施用方法及除草剂本身的特性不同而异。掌握除草剂的吸收和传导特性有助于正确使用除草剂，提高除草效果。

1. 除草剂的吸收

（1）土壤处理除草剂的吸收。

①根吸收　根是土壤处理除草剂的主要吸收部位。除草剂易穿过植物根表皮层，溶解在水中的除草剂接触到根表面时，被根系连同水一起吸收。

②幼芽吸收　土壤处理除草剂除了被植物的根吸收外，也可被种子和未出土的幼芽（包括胚轴）吸收。

了解杂草和作物的根或芽对某种除草剂吸收的相对重要性能帮助我们有效、安全地使用该种除草剂。如以芽吸收为主的除草剂，将其施用在杂草芽所处在的土层，可达到最大的除草效果。

（2）茎叶处理除草剂的吸收。

①角质层吸收　所有植株地上部表皮细胞外覆盖着角质层，角质层的主要功能是防止植物水分损失，同时也是外源物质渗入和微生物入侵的有效屏障。茎叶处理除草剂进入植物体内的最主要障碍也就是角质层。

角质层发育程度因植物种类和生育期不同而异，即使在同一叶片的不同部位也有差异，同时也受到环境条件的影响。角质层由蜡质、果胶和几丁质组成。

除草剂进入角质层的主要障碍是蜡质。蜡质的组成影响到药液在叶片的湿润性和药剂穿透量。对同种植物来说，角质层的厚度与除草剂的穿透量成负相关，即角质层越厚除草剂越难穿过。嫩叶吸收除草剂量大于老叶就是由于嫩叶的角质层比老叶薄。对于不同种植物来说，角质层的厚度与除草剂穿透的相关性则不大。

②气孔吸收　除草剂可从气孔直接渗透到气孔室。气孔吸收量的大小受药液在叶片的湿润程度影响大，而受气孔张开的程度影响小。一般来说，气孔对除草剂的吸收不很重要。

③质膜吸收　除了直接作用于质膜表面的除草剂，其他除草剂在达到作用位点时，必须通过质膜。大多数除草剂通过质膜是一种被动的扩散作用，不需要能量。

（3）剂型对除草剂吸收的影响。除草剂都是加上其他辅助成分加工成不同的剂型才施用的。把除草剂制成一定的剂型可提高叶面的湿润性和除草剂的穿透力，或提高剂型的稳定性和抗雨水冲刷能力，甚至可提高除草剂的活性。

在剂型中添加的表面活性剂，除了可降低药液表面张力和接触角、提高湿润性、增加除草剂的附着面积外，还可能溶解外角质层蜡质，有利于除草剂的穿透。表面活性剂还可能进入到角质层，改变角质层的理化性质，影响除草剂进入植物体的路径。表面活性剂本身也可能对植物细胞产生毒害作用，从而提高除草剂处理的除草活性。

除草剂施用后，由于水分和溶剂蒸发、挥发，药滴会很快干掉。在剂型中添加的助剂可使除草剂在药滴干燥后成为非结晶状态。另外，助剂还可以使沉留在叶片上的除草剂周围保持一定水分，从而有利于叶片的吸收。

2. 除草剂的传导

（1）短距离传导。除草剂被植物根、叶吸收后，必须在植物体内移动，才能到达作用部位。有些除草剂从进入点到达作用部位所移动的距离很短，这类除草剂主要是苗前处理剂、茎叶处理的光合作用抑制剂。例如，百草枯不需要远距离移动，只要进入含有叶绿素的细胞就发挥活性。

（2）长距离传导。对很多苗后处理除草剂来说，长距离的传导才能更有效杀灭杂草，特别是多年生杂草。如果长距离传导的除草剂量不够，则杂草不能完全被杀死，只部分枯死或生长受到抑制，杂草很快可恢复生长。

除草剂通过木质部和韧皮部在植物体内进行长距离的传导。按在木质部和韧皮部的移动性，除草剂可分为四大类：木质部可移动的、韧皮部可移动的、木质部和韧皮部均可移动的和均不可移动的。这种分类是人为划分的，它并不能真正反映除草剂在植物体内的移动特性。因为所有除草剂都有能力在木质部和韧皮部移动，只是有的除草剂在木质部的移动量大于在韧皮部的移动量，有的除草剂则在韧皮部的移动量大于在木质部的移动量。

影响蒸腾作用的各种环境条件如土壤和空气湿度等能够影响除草剂在木质部的移动。土壤湿度大、空气干燥、蒸腾作用强。在水分严重亏缺的条件下气孔关闭，即使此时土壤和空气之间的水势梯度较大，蒸腾作用也下降，从而降低除草剂从根到叶片的传导量。然而，在大多数情况下，水分的蒸腾量和除草剂在木质部的传导量成正相关。

影响光合作用的各种环境条件，如气温、相对湿度、光照和土壤湿度，均影响除草剂在韧皮部的传导。在使用这类除草剂时，要充分考虑到这些因素的影响。同时也要考虑到杂草在不同时期同化物质移动方向，以及除草剂使用对光合作用的影响，以利于除草剂在韧皮部的传导，达到彻底灭草的目的。如为了彻底防治多年生杂草，施药时注意将药液喷施到下部叶片，使药剂传导到杂草的地下部分，因为地下部的同化物主要来源于下部的叶片。又如为了有效地防治难防除的多年生杂草，分次低量喷施除草剂，以免一次大量喷施伤害叶片而不利除草剂的传导，从而降低对地下部的杀伤作用。

（二）除草剂的主要作用机理

除草剂干扰植物一系列的正常生理生化过程，进而破坏某些生命过程，而使植物正常生长发育受到抑制乃至死亡。

1. 抑制光合作用

许多除草剂正是由于抑制光合作用，而使杂草"饥饿死亡"的。这个抑制一般是缓慢逐渐发展的过程，主要抑制光合作用中的希尔反应，即抑制了活的叶绿体和氢受体存在下氧气的释放，打断了电子传递过程，使叶绿素被氧化解体而叶子失绿。

2. 干扰蛋白质合成，抑制能量代谢

植物的正常发育主要是依靠太阳能进行光合作用，制造碳水化合物，此外还依靠碳水化合物分解过程中氧化磷酸化作用形成三磷酸腺苷（ATP），而除草剂作用在于首先抑制 ATP 形成或者抑制 ATP 合成的前体物质的合成，从而导致 ATP 不能正常合成。例如，异丙甲草胺（都尔）、甲草胺（拉索）都是通过这种途径造成杂草死亡的。苯氧羧酸类除草剂可使植物顶端的核酸代谢"冻结"，造成顶端生长抑制。

3. 对植物激素的作用

许多激素与植物的生长控制有关，有些除草剂可破坏或抑制激素的合成和运输，如 2，4 - 滴可影响植物体内的吲哚乙酸的运输。

4. 影响细胞分裂、伸长和分化

氟乐灵、禾草灵、禾草灭（枯草多）等除草剂抑制分生组织和根尖细胞正常分裂。

5. 抑制脂肪酸的合成

酯类是植物细胞膜的重要组成部分。现已发现有多种除草剂抑制脂肪酸的合成和链的伸长。

（三）除草剂的选择性原理

所谓除草剂的选择性是指某些植物对它敏感，而另一些植物对它具有耐药性。使用除草剂能杀死杂草，而作物不受伤害，其原因是除草剂有选择性，具体有以下几方面的选择。

1. 形态选择

即指不同植物形态差异所产生的选择性。形态差异主要表现为根系分布的深浅、生长点位置、种子的大小、叶的性质。叶的性质主要表现为接触或黏着力，蜡质层厚薄，叶片的展开角度等外表结构形态的差异。

2. 生理生化选择

不同种植物对除草剂生理反应的差异主要表现为对除草剂的吸收与传导。除草剂通过茎叶或根系进入植物体内，不同种植物或同种植物，不同生育期对除草剂的吸收不同。另外，除草剂在植物体内的传导速度与数量因除草剂品种特性、植物种类及环境条件而异。这些就导致了除草剂的生理选择性。

除草剂最主要的选择性是生物化学选择性，具有这种选择性的除草剂品种用于作物田的安全性最佳。这些除草剂在植物体内进行一系列的生物化学变化，大多为酶促反应。其中最主要的是解毒反应的差异：作物吸收除草剂后在体内通过酶诱导的生化反应将除草剂转变为无活性化合物或完全分解，而杂草不能进行解毒反应，因而受害死亡。除草剂在作物体内进行的解毒反应主要是氧化、水解、还原及轭合作用，促使除草剂的毒性下降或活性丧失。

3. 位差选择

利用除草剂药层与作物根系或种子分布位置的"错位"，而与杂草根系或种子分布上"同位"来达到灭草保苗的目的，这是土壤处理的重要根据之一。如水稻移栽后应用丁草胺药土法施药，药剂接触水层后扩散，下沉于表土层，此土层是稗草和其他一年生杂草萌芽土层，这些杂草的幼芽接触到药剂，吸收而受害死亡；而水稻根系处于药土层之下，所以能免受其害。

4. 时差选择

利用除草剂药效与杂草种子萌发的"正时"而与作物种子萌发或移栽的"错时"来达到灭草保苗的目的。这是除草剂作为作物播种（或移栽）前土壤封闭处理的依据。如采用免耕之前，对前茬所残留下来的或腾茬期间所长出来的杂草使用灭生性除草剂，如用草甘膦、百草枯进行作物播（栽）前处理，然后再进行播种或移栽，这就是时差选择的具体应用。

5. 局部选择

也称人工选择，即利用恰当的技术给予某些除草剂以选择性，主要是改进用药技术，如灭生性除草剂草甘膦、百草枯可以杀死绿色植物，但只要采用保护性措施，如定向喷雾、低位顺垄喷雾等，可用于果、桑、茶园，或大豆、玉米等作物地上除草。又如利用解毒剂保护作物，局部使用吸附剂，采用混剂等措施来增进选择性，使作物与杂草之间获得最大的选择性差异等。

以上介绍了几种除草剂选择性的原理，在生产实践中，有时根据除草剂的一种选择性，有时根据两种或多种选择性，才能达到灭草保苗的目的。

一般来说，一种除草剂仅仅是在某种限度内对一个特定的植物是有选择性的，这些限度是由植物、除草剂以及环境因素之间的相互作用决定的。因此，应该强调指出，选择性是相对的，有条件的，任何一种药剂，过量使用或使用不当都可造成药害；同样，除草剂的药效也是指在一定条件下的药效，所以药效与药害都是以一定的条件为前提的。在使用除草剂防除杂草的过程中，必须周密、慎重地考虑这些问题。

第二节　化学除草剂的科学使用方法

除草剂的使用是一项技术性很强的工作。读者在购买、使用除草剂前，应咨询当地农业技术人员或专家，仔细阅读除草剂商品上的标签和使用说明书。使用除草剂时，严格按照标签和使用说明书的要求，准确配制药液，均匀施用。下面讲述有关除草剂使用的一些知识，以便帮助读者提高除草剂使用水平。

一、除草剂商品的选购

在购买除草剂时，应注意的一个问题是，同一种除草剂有多种商品名称，但通用名只有一种。如灭生性除草剂草甘膦，有的叫"农达"，有的叫"农旺"。每一种除草剂都有它特定的使用范围和防治对象。因此，选用合适的除草剂是达到除草保苗的第一步。在购买除草剂商品时，应考虑如下几个方面。

1. 作物种类、生长期

不同作物对除草剂的耐受力不同，同一作物不同生长期的耐药性也不一样。如玉米，对莠去津的耐药性强，而小麦对该药则很敏感。不同种植方式，使用的除草剂不一样。如丁草胺只能用在移栽稻田，而不用在直播稻田。

2. 杂草种类、大小

不同的地方、不同作物田，杂草群落不一样。一般情况下，作物地里的杂草群落，主要由 3～5 种杂草组成。由于不同杂草种类、同一种杂草不同生育期，对除草剂的耐药性存在差异。因此，在购买除草剂前，应了解地里杂草的种类和大小。如果是购买土壤处理除草剂，可根据上一年该地杂草发生的种类购买相应的除草剂。

3. 除草剂质量

中国对除草剂的管理相当严格，在除草剂商品化前，必须在农业部农药检定所获得登记。合格的除草剂应具有登记证号、质量标准号和准产证号，即常说的三证。购买除草剂时应核对所购买的除草剂包装上是否三证俱全。另外，还应检查除草剂的有效期。因为除草剂贮存时间过长，有效成分会分解，使得除草剂效果下降，甚至失效。

4. 除草剂的使用史

长期使用单一除草剂会造成杂草产生抗药性，使得除草效果下降。另外，长期使用单一除草剂，还会使得土壤中降解该除草剂的微生物种群增加，加速除草剂的降解，从而使得除草剂的持效期缩短。长期使用单一除草剂，还会改变杂草群落结构，即杂草种类发生变化。如果我们使用某一除草剂后，发现除草剂效果下降，应考虑换用其他除草剂。

二、除草剂使用原则与方法

使用除草剂的目的是选择性地控制杂草，减轻或消除其危害，以使农业高产稳产。由于杂草与作物生长于同一农业生态环境中，其生长发育受土壤环境及气候因素的影响。为了获得好的防治效果，应根据杂草和作物的种类和生育状况，结合环境条件与除草剂特性，采用适宜的使用技术和方法。

（一）在使用除草剂时应遵循的原则

（1）正确选用除草剂品种。不同除草剂品种的作用特性和防治对象不同，对作物的安全性亦不同，应根据田间杂草发生、分布及群落组成，以及作物品种选用适宜的除草剂品种。

（2）正确选择用药量。根据除草剂品种特性、杂草生育状况、气候条件及土壤特性，确定单位面积最适宜用药量。

（3）正确选择施药技术。选择最佳使用技术，首先要选择质量好的喷雾器，在喷药前应调节好喷雾器，使各个喷嘴流量保持一致，达到喷洒均匀，且不重喷、不漏喷。重喷使药量加倍，容易使作物产生药害；漏喷又不能保证药效。

（4）掌握最佳施药时期。根据除草剂的特性，选在最能发挥药效又对作物安全的时期施药，并严格按照除草剂的使用说明书进行操作。

（二）除草剂的使用方法

将除草剂投放到适当的部位或正确的范围内，以利杂草的吸收，这是除草剂使用技术的重要环节，它关系到除草剂使用的安全有效和经济性问题。田间使用除草剂的方法主要有茎叶处理和土壤封闭处理。如果使用方法不当，不仅对杂草的防除效果差，而且浪费药剂，甚至造成作物药害。因此，了解除草剂喷洒技术的原理和掌握田间使用技术是十分重要的。

现将除草剂使用方法的类别介绍如下。

1. 按施药对象

（1）土壤处理。即把除草剂喷洒于土壤表层或通过混土操作把除草剂拌入土壤中一定深度，建立起一个除草剂封闭层，以杀死萌发的杂草。土壤处理药剂先土壤固定，然后通过土壤中的液相互相移动扩散，与植物的根、茎接触吸收进入植物体内。除草剂的土壤处理除了利用生理生化选择性来消灭杂草之外，在很多情况下是利用时差或位差选择来选择性灭草。

（2）茎叶处理。即把除草剂稀释在一定量的水中，对杂草幼苗进行喷洒，利用杂草茎叶吸收和传导来消灭杂草。茎叶处理主要是利用除草剂的生理生化选择性来达到灭草保苗的目的。茎叶处理对杂草的防除效果与温度、光照以及除草剂在植物体表面的黏着、润湿状况和渗透关系密切。

2. 按施药时间

（1）播前处理。指在播种前对土壤进行封闭处理，如丁草胺可在水稻秧田或移栽大田播（栽）前 2~3 天处理。

（2）播后苗前处理。即在作物播种后出苗前，或者在禾本科作物立针到第 1 叶之前进行土壤处理。此法主要用于被杂草芽鞘和幼叶吸收向上传导的除草剂，对作物幼芽安全，如采用恶草灵和丁草胺混配，在早稻或旱直播水稻的播后苗前处理。播前处理或播后苗前处理剂主要是为根、芽、芽鞘吸收的，而且是向上传导的除草剂，这些除草剂用于土壤处理防除杂草的效果比作茎叶处理好。

（3）苗后处理。指在杂草出苗后，一般禾本科杂草在 3 叶前，双子叶杂草在 3~5 叶期，把除草剂直接喷洒到杂草植株上。也有些灭生性除草剂如百草枯、草甘膦可以在杂草生长中后期进行灭生处理。苗后处理剂一般为茎叶吸收并能向下或其他方向传导的除草剂。有些茎叶处理剂如敌稗，用于稻田，采用土壤处理不仅效果差而且水稻易受药害。

3. 按施药方法

除草剂可采用的施药方法很多，如采用喷雾处理，包括常量喷雾和微量喷雾；也可采用撒毒土法把除草剂与一定量的细润土拌匀后撒施。有些除草剂溶解度比较大，如禾草敌（禾大壮）、禾草丹（杀草丹）、恶草灵等，可以采用瓶甩，或利用滴入装置，在稻田进水处进行滴入处理。除草剂的不同物理化学特性决定其施药方法，如挥发性强的禾大壮、氟乐灵等必须采用土壤处理，如果采用茎叶喷雾不仅效果差，而且也容易使作物发生药害。

三、除草剂药液的配制

（一）常见术语

1. 有效成分

指除草剂商品中含有对杂草具有毒杀作用的化学成分。在除草剂商品的标签上都标明有效成分的含量。有效成分含量有两种表示方法。一种是有效成分质量占该种商品农药质量的百分比；一种是有效成分质量占该种商品农药体积的百分比。

（1）质量/质量百分比。某种有效成分质量占该种商品农药质量的百分比，指某种商品农药的量和含有该种农药的有效成分的量都是以质量作基础计算的。在百分比后面注明（质量/质量）或用（W/W）表示。商品农药凡是固体的，如粉剂、可湿性粉剂、可溶性粉剂、片剂、颗粒剂等，它们的有效成分含量百分率都是用质量/质量法表示的。

（2）质量/体积百分比。某种有效成分的质量占该种商品农药体积的百分比，指某种商品农药的量用体积表示，而含有该种农药有效成分的量用质量作基础计算的。在有效成分含量百分率后注明（质量/容量）或用（W/V）表示。

2. 使用量

指单位面积的商品用量或有效成分用量。在配制药液前，应仔细阅读商品标签上的使用说明，明确使用量是哪一种。如果标签上注明的是有效成分的用量，需要换算成商品用量后再配制。

3. 喷液量

指单位面积喷洒兑水稀释后的药液量。普通背负式喷雾器，一般每亩的喷液量在 30～50 kg。土壤处理时，如土表干燥，喷雾量应适当加大。

（二）药械的标定

除草剂的使用技术和杀虫剂、杀菌剂不同。在使用杀虫剂和杀菌剂时，为了达到最好的杀虫或杀菌效果，喷药时尽可能使药液完全覆盖在作物植株上。使用除草剂时，需要使药液均匀分布地面上或杂草植株上，不能重喷、漏喷。因此，对除草剂的使用，喷雾器械也有特殊的要求。喷施除草剂应用扇形喷头。喷雾器最好带有压力表。喷施时，保持一定的压力不变。

使用除草剂需要准确、定量，不能随意加大用药量，否则会杀伤作物。为了保证准确的用药量，需要对喷雾器械进行标定，确定在一定的压力下喷雾器的流量。喷雾器流量测定的一般方法是：喷雾器加水后，加压到所需的压力，打开喷雾器开关，向量筒（或其他容器）喷雾 1 分钟后，移出喷头，量出喷出的水量，即是每分钟的流量。

喷雾器的流量测定好后，再确定步行速度或喷液量。如果先确定每亩喷液量，则根据喷雾器的流量、喷幅和单位面积的喷液量来确定步行速度或机械喷雾器前进的速度。如果先确定了步行速度或机械喷雾器前进的速度，则根据流量、喷幅和步行速度或机械喷雾器前进的速度来确定喷液量。

（三）除草剂药液的配制

大部分液体除草剂均可用直接稀释法，对一些单位面积用量特别低的除草剂，特别是一些可湿性粉剂，则需采用"二次稀释法"。

所谓"二次稀释法"就是将需要喷洒的除草剂，如 25% 绿麦隆，先用少量水溶解，搅拌匀成糯糊状，配制为"母液"。具体方法是：将需喷的绿麦隆可湿性粉剂放在一个干净的器皿中，向其中注入极少量的净水。不要立即搅拌，稍等片刻，粉剂会在水中自动溶解，然后再加大约 10 倍的水，搅匀，就配成了"母液"。按一定比例的药液量，对水稀释，配成药液喷雾。稀释、配制除草剂时，可以先在喷雾器中注入所需加水量的一半，注水口应有滤网，然后将所需药量的液体除草剂或"母液"徐徐倒入喷雾器中，充分摇晃或搅动，使之混合均匀，再将另一半水徐徐倒入喷雾器中，再充分摇晃或搅动使之混合均匀，待用。

配制除草剂时，最忌讳的是向空的喷雾器中倒入除草剂药粉后加水或向装满水的喷雾器皿中加注除草剂药粉。这种错误做法导致有些作物喷施了除草剂后，不是达不到除草效果，就是对作物造成药害，或是先喷的有药害，后喷的无效。其主要原因之一就是在配制除草剂药液时忽视了必要的程序。常用的手动喷雾器吸取药液往外喷的吸口在喷雾器的底部，若先向空的喷雾器中倒入除草剂药粉后加水，药剂不能在水中均匀溶解，喷雾器下部药剂量多，上部药剂量少。喷雾时，药剂先从下部吸上来，必然造成喷雾时，开始的药量多，后来的药量少。其结果是：药量少的地方效果差，药量多的地方作物受害。

如需将除草剂混用，配制除草剂药液也应当先将各自的药剂配成"母液"待用。先向有滤网的喷雾器中注入所需加水量的一半，然后将所需药量的两种"母液"徐徐倒入已有半箱水的喷雾器中，充分摇晃或搅动，使之混合均匀，再将其余所需的水徐徐倒入喷雾器中，再充分摇晃或搅动使之混合均匀，就可以喷雾了。药液最好随配随用，万一配好的混剂暂时不用，在喷雾之前仍须充分摇晃搅拌。

此外，在配制除草剂药液时，要用清洁的河水或自来水，切不可用污浊的沟水或塘水。水质不好，会降低防效或产生药害。为防止在喷雾过程中喷头的阻塞，提倡在喷雾器的进水口放置滤网。

四、除草剂的混合使用

农田中一般有很多种类的杂草，而单一除草剂的杀草范围往往非常有限，如若一次施药只杀灭一种或有限的几种杂草，则造成施药时间的浪费和防治成本的提高。所以，在生产中，一般是2～3种除草剂混合后同时施用，并且市场上销售的除草剂很多本身就是一种混合制剂。

1. 除草剂混用所产生的效应

（1）加成（相加）作用。混合的效果，等于它们各自作用的总和。

（2）拮抗作用。混合的效果，小于它们各自作用的总和。

（3）增效作用。混合的效果，大于它们各自作用的总和。

2. 除草剂混用的优点

（1）控制更多的杂草。可用于非耕地的灭生性除草，也可用于作物田或苗圃控制更多的杂草。

（2）提高对作物的安全性。2种或3种除草剂低量混合作用，可以取得高效、安全的效果。

（3）降低作物和土壤中的残留。低剂量使用持效期适宜的组合可减少在作物与土壤中的残留。

（4）降低成本。由于防效提高和减少用量，从而降低了成本。

（5）延长控制杂草的有效期。单一除草剂对控制中等耐药性的杂草药效期较短，加入另一种除草剂则可以延长除草剂的有效期，因而对于总的杂草控制期将延长。

（6）提高了不同气候条件下的效果。混用受气候的影响比单用小，如甲在干旱条件下有较好的效果，乙在潮湿下有较好效果，两者组成混合剂后适应气候条件将更广。

（7）提高在不同土壤类型中的效果。如两种对有机质含量不同表现的除草剂混合可以提高对土壤的适应性。

3. 除草剂混用的注意事项

除草剂混合使用虽然有很多优点，但混用不当也很容易造成作物药害，降低防效。一般来说除草剂混合使用应注意以下几点：

（1）在充分了解除草剂特性的基础上，根据除草剂所要达到的目的，选择适当的除草剂进行混用。

（2）一般情况下，混用的除草剂之间应不存在拮抗作用，在个别情况下，可利用拮抗作用来提高对作物的安全性，但应保证除草效果。

（3）混用的除草剂之间应在物理、化学上有相容性，既不发生分层、结晶、凝聚和离析等物理现象，有效成分也不应发生化学反应。

（4）利用除草剂间的增效作用提高对杂草的活性，同时也会提高对作物的活性。所以，要注意防止对作物产生药害。

五、影响除草剂药效的因素

除草剂是具有生物活性的化合物，除草剂药效的发挥受多方面因素的影响，既决定于杂草本身的生育状况，又受制于环境条件与使用方法。

1. 杂草

杂草是除草剂的防治对象，杂草本身的生育状况、叶龄、株高等对除草剂药效的影响很大。茎叶处理剂的药效与杂草的叶龄和株高关系密切。杂草在幼龄阶段根系少，次生根尚未发育完全，抗性差，对除草剂最敏感，此时施药除草效果好，而当杂草植株较大时，其对除草剂的抗性增强，因而药效下降。

2. 土壤条件

土壤条件不仅直接影响除草剂的药效，还通过影响杂草的生

长间接地影响药效，尤其对土壤处理剂的药效影响更大。

土壤有机质和土壤黏粒对除草剂有吸附作用，使除草剂难以被杂草吸收，从而降低药效。

土壤条件不同造成杂草生育状况的差异。在水分与养分充足条件下，杂草生育旺盛，组织柔嫩，对除草剂敏感性强，此时施药可提高药效；但在干旱和土壤瘠薄条件下，植物本身通过自我调节作用，抗逆性增强，叶片表面角质层增厚，气孔开张程度小，不利于除草剂的吸收，使药效下降。因此，生产上在干旱条件下施药时，除草效果往往难以保证。

3. 气候条件

气象因素在影响作物与杂草生长发育的同时，也影响杂草对除草剂的吸收、传导与代谢，这些影响是在生物化学水平上完成的，并且以植物的大小、形态和生理状态等变化而表现出来。

（1）温度。温度是影响除草剂药效的重要因素。在较高温度条件下，杂草生长迅速，雾滴滞留增加；温度通过对表皮的作用，特别是对影响叶片可湿润性的毛状体体积大小的影响而促进雾滴滞留。温度能显著促进除草剂在植物体内的传导，高温促使蒸腾作用增强，有利于根系吸收的除草剂沿木质部向上传导。在低温与高湿条件下，除草剂对作物和杂草的选择性会下降，这就是一些除草剂在低温、高湿条件下容易对作物造成药害的原因之一。

（2）湿度。空气相对湿度显著影响叶片角质层的发育，同时对除草剂雾滴在叶片上的蒸腾作用产生影响。在高湿条件下，叶片上的雾滴挥发缓慢，促使气孔开放，有利于吸收除草剂，并且加快除草剂在韧皮部筛管中的传导，能显著提高药效。

（3）光照。光照不仅为光合作用提供能量，而且影响植物的生长发育，可使除草剂雾滴在叶面上的滞留及蒸发产生变化。光照通过光合作用、蒸腾作用、气孔开放和光合产物的形成而影响除草剂的吸收与传导。在强光下，光合作用旺盛，形成的光合产物多，有利于除草剂的传导及其活性的发挥。

（4）降雨。降雨对除草剂药效的发挥有有利的一面，也有不利的一面。土壤处理剂施药后，少量的降雨可使除草剂迅速渗透到土壤耕层中，有利于药效的发挥。而茎叶处理剂施药后遇大雨，往往造成雾滴被冲洗而降低药效。降雨对不同除草剂品种和不同剂型的影响也有差异。水剂和可湿性粉剂易被雨水冲刷，因此降雨对以上2种剂型的除草剂药效影响较大；乳油和浓乳剂容易被植物吸收，抗雨水冲刷的能力较强。

（5）风速。施药时遇大风，使药液雾滴随风飘移，不易降落到地面和杂草叶片上，导致药效降低，也容易使相邻作物产生药害。

（6）露水。杂草茎叶表面有露水时，影响药液在叶面的展着，也会降低药效。因此，早晨杂草叶面有露水时不要施用茎叶处理剂，以免影响药效。

4. 施药技术

（1）施药剂量。为了达到经济、安全、有效的目的，除草剂的施药量必须根据杂草的种类、大小和发生量来确定，同时考虑到作物的耐药性。杂草叶龄高、密度大，应选用高剂量。反之，则选用低剂量。

（2）施药时间。许多除草剂对某种杂草有效是对该杂草某一生育期而言的。如酰胺类除草剂对未出苗的一年生禾本科杂草有效。在这些杂草出苗后使用，则防效极差，对大龄杂草则无效。又如烟嘧磺隆（玉农乐）对2～5叶期杂草效果好，杂草过大时使用则达不到防治效果。

（3）施药质量。在除草剂使用时，施药质量极为重要。施药不均，导致有的地块药量不够，除草效果下降；而有的地块药量过多，有可能造成作物药害。

第三节　除草剂的药害

在生产实践中由于使用不当，常常会发生除草剂的药害，而且有些药害还十分严重。所以如何用好除草剂，提高药效，防止药害和降低成本是关系到除草剂能不能推广、推广的速度快慢和取得成效大小的重要问题。

一、药害的类型

1. 从发生药害的时期

（1）直接药害。使用除草剂不当对当季、当时作物所造成的药害。如种子不发芽、发芽后不出土，根、芽膨大畸形，叶片焦枯、扭曲、畸形、脱落等。

（2）间接药害。或叫二次药害，即在使用除草剂后对下季、下茬作物所产生的不良影响。如在玉米地施用过量的莠去津会造成下茬小麦药害。

2. 从症状性质

（1）可见性药害。即肉眼从形态上可以直接观测到的药害。如组织坏死、叶片失绿畸形、茎秆矮缩扭曲等。

（2）隐患性药害。即药害并没有在形态上明显表现出来，难以直观测定，但最终造成产量和品质下降。如丁草胺对水稻根系的影响而造成每穗粒数、千粒重等下降。

3. 从形态反应

（1）接触型药害。二苯醚类除草剂，如氟磺胺草醚（虎威）和乳氟禾草灵（克阔乐）等在正常施药情况下也会使作物产生不同程度的接触型药害。表现为表皮局部坏死，产生枯斑。紫外线可使该类除草剂光解失活，这也是其药害持续时间短的原因。此类药害一般不会危及施药后生出的叶片，对以后的作物生育也无明显影响。只有施药过晚，比如大豆3片复叶以后施药，施药量过大或施药不均匀，造成作物过重的药害，致使作物合成的生长必需的营养物质缺乏，才会影响到后期生育，造成贪青晚熟、产量下降、品质降低。

一些其他类别的除草剂在使用过程中，或由于药液浓度过大，或因施药极不均匀，也会产生接触型药害斑。

（2）致畸型药害。苯氧羧酸类（如2，4-滴丁酯和2甲4氯等）和苯甲酸类除草剂（如麦草畏等）均属激素类除草剂。激素类除草剂药害的特点是影响到植物体的多种酶系统，并对多种生理生化机制发生作用，其中最突出的作用部位是所有的分生组织，造成细胞生长异常，导致根茎叶畸形，韧皮部堵塞，木质部破坏，作物缓慢死亡。

激素类除草剂的药害一般持续时间较长，不仅影响苗期生长，也会影响到拔节、抽穗、开花，造成拔节抽穗困难，花、穗及果实畸形。

（3）褪绿型药害。三氮苯类除草剂，如莠去津（阿特拉津）、扑草净、嗪草酮（赛克）等，是典型的光合作用抑制剂。这类除草剂药害的典型症状是叶片褪绿。一般施药后1周左右即可发现叶片尖端和叶缘开始褪绿，逐渐扩展至整个叶片，最后全株枯死。

由于这类除草剂的抑制作用是在光合作用中糖类形成之前发生的，所以补给糖可以缓解其抑制作用。因此在生产中遇到此类药害，可以通过叶面施肥，补充速效营养，以减轻和缓解药害。

取代脲类除草剂，如绿麦隆、敌草隆等也是光合作用抑制剂，其作用机制与三氮苯类除草剂相似，药害症状也是叶片褪绿。

（4）芽期抑制型药害。酰胺类除草剂，如乙草胺、异丙甲草胺（都尔）、丁草胺等多为土壤处理剂，于作物播种前或播种后出苗前施用。这类除草剂对作物的药害多发生于作物出土过程中。这类药剂主要抑制发芽种子淀粉酶及蛋白酶的活性，影响营养物质的正常输送，从而抑制幼芽和幼根的生长。敏感作物在出土过程中即中毒，胚根细弱弯曲，无须根，生长点逐渐变褐，进而死亡。已出土者心叶扭曲、萎缩，其他叶片皱缩、变黄。

（5）生长抑制型药害。磺酰脲类和咪唑啉酮类除草剂所产生的药害多为生长抑制型药害。对磺酰脲类或咪唑啉酮类除草剂敏感的作物，能够出苗，植株 3～5 cm 时，生长停滞而后死亡。对上述药剂敏感性较差的作物也会生长抑制，叶片黄化、畸形、扭曲，但随着作物生长，体内药剂逐渐被代谢成无效体，其抑制生长作用逐渐消失，并恢复正常生育。抑制时间的长短受作物代谢这两类药剂的速度决定。代谢速度又因作物种类（甚至品种）、药剂种类、进入体内的数量和环境条件（特别是温湿度）而异。

二、药害发生的原因

除草剂对作物的选择性是相对的。只有在一定的条件下合理使用，才对作物安全。在生产中使用除草剂，有多种原因可引起作物药害。

1. 误用

误用在生产中时有发生，错把除草剂当成杀虫剂或杀菌剂使用，或使用的除草剂种类不对。

2. 除草剂的质量问题

主要是除草剂中含有有毒杂质和有效成分含量不符合标准，含量过低或过高，或加工质量差、出现分层等。

3. 使用技术不当

在生产中，许多药害是由使用技术不当造成的。使用时期不正确、使用剂量过大或施药不均匀等都可能造成作物药害。如 2，4 - 滴在小麦 4 叶期至拔节期使用很安全，但在小麦 3 叶期前和拔节后使用，就会造成药害。在喷药时，发生重喷现象也会造成作物药害。

4. 混用不当

有机磷或氨基甲酸酯类杀虫剂能严重抑制水稻植株体内芳基酰胺酶的活性。如把敌稗与这些杀虫剂混用，敌稗在水稻植株不能迅速降解而造成水稻药害。

5. 雾滴飘移或挥发

喷施易挥发的除草剂，如短侧链的苯氧羧酸类除草剂，其雾滴易挥发、飘移到邻近的作物上而发生药害。如在喷施 2，4 - 滴丁酯时，如果邻近种有棉花等敏感作物，就可能导致棉花药害。

6. 除草剂降解产生有毒物质

在通气不良的稻田，过量或多次使用杀草丹，杀草丹发生脱氯生成脱氯杀草丹，抑制水稻生长，造成矮化现象。

7. 施药器具清洗不干净

喷施过除草剂的喷雾器或盛装过除草剂的药桶应清洗干净。如未清洗干净，残留有除草剂，再次使用时，可能造成敏感作物的药害。喷施 2，4 - 滴丁酯除草剂的喷雾器最好专用，因为该药不易洗干净。对喷施过超高效除草剂的喷雾器也需清洗干净，因为残留在喷雾器中少量的药液也可能造成敏感作物的药害。

8. 土壤残留

对那些长残效除草剂，土壤残留药害是主要问题之一。由于这些除草剂在土壤中的持效期很长，极易造成敏感的下茬作物的药害。因此，在施用这些除草剂时，应特别注意残留药害。

9. 异常气候或不利的环境条件

使用除草剂后，遇到异常气候如低温、暴雨等可能导致药害发生。如在正常的气候条件下，乙草胺对大豆安全。但施用乙草胺后下暴雨，大豆则会受害。

三、除草剂药害的预防措施

正确科学地使用除草剂是预防药害的最根本措施。目前生产上使用的除草剂种类虽然很多，但大都是经过多年试验和生产示范，取得了较多使用经验的，这些使用经验通常简明扼要地以除草剂标签的形式加以反映。使用除草剂前应细致地阅读标签，明确该除草剂的适用作物。适宜施药时期和用药剂量范围以及使用中的注意事项，做到正确用药。这样至少可以避免用错药或超范围用药，避免在安全施药期外施药和避免超量用药。为了防止药害产生，还应注意以下几个方面。

（1）选种抗除草剂作物。

（2）对施药人员进行必要的培训，把技术普及到千家万户。

（3）先试验再推广应用。在大面积施用某种除草剂前，一定要先试验。即使该药在其他地方已大面积应用，也要遵循这一原则。因为除草剂的药效和安全性受多种因素影响，在某个地方施用安全，在其他地方就不见得安全。

（4）选择安全的农药产品。不同作物或同一种作物中的不同品种对除草剂的敏感性有差异，如阔叶作物对2，4 - 滴、2甲4氯等敏感。非选择性的除草剂对作物和杂草均有杀灭作用，不能直接喷到作物上，否则会产生药害。注意不要错把除草剂当成杀虫剂或杀菌剂施用，以免发生药害。对那些不太安全的除草剂，应加上安全剂后再使用。

（5）施药时期。某些除草剂在作物特定的生育期施用安全，而在其他生育期施用则会产生药害。如2，4 - 滴在小麦、水稻分蘖期施用安全，但在3叶期前和拔节后施用则会产生药害。

（6）作物长势。作物的长势也影响到对除草剂的敏感性。大家应根据作物的长势选择适当的除草剂和用药量。当作物苗长势较弱时，对除草剂的抗药性差，应选用安全的除草剂产品，降低使用量。如在水稻田施用乙苄混剂、乙氧氟草醚等只能在大苗移栽田施用，在小苗和弱苗田施用就会发生药害。

（7）环境条件。气候条件也影响到作物对除草剂的敏感性，其中气温和降雨影响最大。土壤处理除草剂施用后如遇上低温天气，作物出苗慢，接触药剂的时间长，很容易发生药害。施用除草剂后降雨量过大，也可能导致药害。如在玉米田施用乙草胺，在正常情况下不会产生药害，但如施药后降雨量过大，有可能出现药害。

沙质土壤地使用土壤处理除草剂时要特别小心，用量不能过大，否则会发生药害。

（8）施用剂量。除草剂对作物的选择性是相对的，只有在一定的剂量下才对作物安全。在使用除草剂时，务必要按使用说明书所标明的使用剂量进行施药，不得随意加大施用量，以避免药害的发生。

（9）防止飘移。使用除草剂时要特别注意防止雾滴飘移到邻近的敏感作物上。由飘移引起药害发生最多的是喷施2，4-滴造成邻近阔叶作物（特别是棉花）的药害。在喷施2，4-滴和2甲4氯时，周围应无阔叶作物。

（10）清洗药械。施用过除草剂的药械未洗或未洗干净就用来喷施其他的农药可能会造成药害，这种情况经常发生。施用过除草剂的药械必须用洗衣粉或碱水反复清洗多遍再存放，大家应养成这种习惯。有些除草剂如2，4-滴、2甲4氯黏附在药械上很难清洗干净，喷施这类除草剂应用专用的药械。

（11）防止残留药害。有些除草剂（如莠去津、甲磺隆、氯磺隆、胺苯磺隆、氯嘧磺隆、普杀特、广灭灵等），在土壤中降解较慢，残效期长，在上季作物上施用而残留在土壤中的这些除草剂有可能影响下茬敏感作物的正常出苗和生长。为了防止这类除草剂的残留药害，一是按说明书要求的使用剂量施药，不得加大剂量；二是施药期不得推迟；三是下茬不种敏感作物；四是把这些除草剂和其他除草剂混用，降低这些除草剂的用量。

四、除草剂药害的补救措施

发生药害所能采取的补救措施，主要是改善作物生育条件，促进作物生长，增强其抗逆能力。市售的一些除草剂解毒剂，也只具有预防和保护作用，并不具备治疗作用。一旦发生药害，应对其做科学的诊断，根据药害的类型，药害的严重程度，药害的可能发展趋势，采取适当的措施，妥善处理。在生产中，一般的除草剂药害缓解措施如下。

（1）使用安全保护剂如 25788 可以防止和解除酰胺类除草剂的药害；H31886 对甲草胺有保护作用；BNA－80 能有效抑制杀草丹的脱氯，避免水稻矮化。

（2）激素型除草剂造成的药害，可喷施赤霉素或撒石灰、草木灰、活性炭等缓解。

（3）光合作用抑制剂和某些触杀型除草剂的药害，可施用速效肥，促进作物恢复生长。

（4）对土壤处理剂的药害可通过耕翻、泡田和反复冲洗土壤，尽量减少残留。

第四节　苗圃化学除草剂的主要种类

为使读者对化学除草剂有一个较为全面的认识，本章按化学结构介绍目前市场上常见除草剂的药剂特点和使用技术，以期读者能够正确地使用除草剂，达到除草保苗的目的。

一、苯氧羧酸类

1. 喹禾灵

其他名称：禾草克、盖草灵、快伏草

加工剂型：10%乳油，10%、20%、25%、50%悬浮剂

毒性：对人畜低毒，对鱼低毒。

药剂特点：难溶于水，在常用有机溶剂中溶解度亦不大，是一种内吸性高效选择性苗后除草剂，可有效防除1年生及多年生禾本科杂草。叶片吸收可向上向下传导到整株，并在分生组织积累，对多年生禾本科杂草，能抑制地下根茎的生长，一般施药后7～10天能使杂草死亡。处理后1～2 h遇雨不影响药效。

使用技术：

（1）适用范围。适用于防除看麦娘、野燕麦、雀麦、狗牙根、野茅、马唐、稗草、蟋蟀草、画眉草、双穗雀稗、早熟禾、狗尾草、千金子、芦苇、阿拉伯高粱等多种一年生及多年生禾本科杂草，对阔叶草无效。

（2）使用方法。一般在一年生禾本科杂草和多年生禾本科杂草3～5叶期施药，一年生禾本科杂草，每亩用10%喹禾灵悬浮剂20～30 ml，多年生禾本科杂草每亩用30～45 ml，对水35 kg喷雾使用。

注意事项：

（1）对禾本科作物敏感，喷药时切忌药液喷洒或飘移到水稻、玉米、大麦、小麦等禾本科作物上，以免产生药害。

（2）喷雾器使用完毕一定反复冲洗干净。否则易对敏感作物产生药害。

2. 吡氟禾草灵

其他名称：稳杀得、氟草除、氟草灵

加工剂型：15%乳油、35%乳油

毒性：对人畜低毒，对眼睛刺激轻微，对皮肤无刺激作用。无慢性毒性问题，对鸟类、蜜蜂低毒，对蚯蚓、土壤微生物无任何影响，对鱼有毒。

药剂特点：难溶于水，易溶于有机溶剂，是一种高度选择性的苗后茎叶处理剂，对1年生及多年生禾本科杂草具有较强的杀伤力，对阔叶作物安全，对双子叶杂草无效。杂草主要通过茎叶吸收并传导，根也可以吸收传导。一般施药后48 h可出现中毒症状，但彻底杀死杂草则需15天。

使用技术：

（1）适用范围。适用于果树、种植园、林业苗圃、幼林抚育等。防除1年生和多年生禾本科杂草，如旱稗、狗尾草、马唐、牛筋草、野燕麦、看麦娘、雀麦、芦苇、狗牙根、双穗雀稗等。

（2）使用方法。一般在杂草3～5叶期，每亩施用35%乳油67～100 ml，对水30 kg喷雾。多年生芦苇、茅草等需要加大剂量到130～160 ml。

注意事项：

（1）喷洒时必须充分均匀，使杂草茎叶都能受药，方能获得理想效果。

（2）对禾本科作物敏感，施药时，切忌污染敏感作物，以免产生药害。

（3）喷药后，喷雾器具需要彻底清洗。

3. 精恶唑禾草灵

其他名称：威霸、骠马、高恶唑禾草灵

加工剂型：6.9%威霸浓乳剂、6.9%骠马水乳剂、10%精骠

毒性：属于低毒除草剂。原药对兔眼和皮肤无刺激作用，对水生生物毒性中等，对鸟类低毒。

药剂特点：精恶唑禾草灵属选择性、内吸传导型芽后茎叶处理剂。主要是通过抑制脂肪酸合成的关键酶——乙酰辅酶A羧化

酶，从而抑制了脂肪酸的合成。药剂通过茎叶吸收传导至分生组织及根的生长点，作用迅速，施药后 2～3 天停止生长，5～6 天心叶失绿变紫色，分生组织变褐色，叶片逐渐枯死，是选择性极强的茎叶处理剂。

使用技术：

（1）适用范围。适用于防除野燕麦、看麦娘、藜、马唐、稗、蟋蟀草、千金子、狗尾草、牛筋草、画眉草等。

（2）使用方法。禾本科杂草 2～5 叶期，每亩用 6.9% 威霸浓乳剂 40～80 ml，对水 20 kg 喷雾。

注意事项：

（1）避免药剂雾滴飘移到禾本科作物上，勿使药剂流入池塘。

（2）极端干旱或寒潮低温、霜冻期勿用。

4. 精吡氟禾草灵

其他名称：精稳杀得

加工剂型：15% 精稳杀得乳油

毒性：对人畜低毒，对眼睛刺激轻微，对皮肤无刺激作用。对鸟类、蜜蜂低毒，对蚯蚓、土壤微生物无任何影响，对鱼有毒。

药剂特点：具有良好的传导性和选择性。对禾本科杂草具有很强的杀伤作用，对阔叶杂草安全。该药剂在土壤中降解速度较快，无明显残留问题。

使用技术：

（1）适用范围。适用于防除稗、野燕麦、看麦娘、虎尾草、狗尾草、马唐、牛筋草、蟋蟀草、千金子、画眉草等禾本科杂草。

（2）使用方法。禾本科杂草 2～4 叶期，每亩用 15% 精稳杀得乳油 50～100 ml，对水 30 kg 茎叶喷雾处理。防治芦苇、狗牙根等多年生禾本科杂草每亩用量提高到 130~160 ml 才能取得较好的效果。

注意事项：

精稳杀得不能与激素类除草剂 2，4 - 滴等混用，以免降低药效。

5. 氟吡乙禾灵

其他名称：盖草能、氯氟草除

加工剂型：12.5%、24%乳油

毒性：对人畜和鸟类低毒。对水生无脊椎动物和鱼类有中等毒性。

药剂特点：难溶于水，易溶于有机溶剂，不易挥发，是一种内吸高效选择性苗后除草剂。可防除一年生和多年生禾本科杂草，根、茎、叶均可吸收并传导。可杀死已出土杂草，也可以杀死杂草种子。耐雨水冲刷，残效期长。施药后 1~2 h 下雨，对药效没有影响。

使用技术：

（1）适用范围。适用于防除稗草、马唐、牛筋草、千金子、狗尾草、野黍、早熟禾、野燕麦、雀麦、狗牙根、双穗雀草、阿拉伯高粱等一年生及多年生杂草。对阔叶杂草和莎草科杂草无效。

（2）使用方法。用于大豆、棉花、花生、油菜、甜菜等作物苗圃时，于苗后禾本科杂草 3~5 叶期施药。防除 1 年生禾本科杂草，每亩用 12.5%乳油 40~50 ml，防除多年生禾本科杂草，每亩用 50~100 ml，均对水 25~30 kg 喷雾。

注意事项：

（1）对禾本科作物敏感，喷药时，切勿喷到或将药液飘到邻近水稻、玉米、小麦等禾本科作物上，以免产生药害。

（2）喷雾器用后一定反复清洗干净，否则易对敏感作物产生药害。

二、酰胺类

1. 甲草胺

其他名称：拉索、草不绿

加工剂型：15%颗粒剂、43%乳油、48%乳油

毒性：对人畜低毒，对眼睛和皮肤有刺激作用。

药剂特点：选择性芽前土壤除草剂。杀草机理为抑制蛋白质的生物合成。甲草胺在土壤中的持效期为 1~3 个月，对下茬作物无影响。

使用技术：

（1）适用范围。适用于蔬菜苗圃地，防治稗、马唐、蟋蟀草、千金子、藜、反枝苋、马齿苋等，对铁苋菜、苘麻、蓼科杂草及多年生杂草防效差。

（2）使用方法。适宜用药时期是播种前或播后苗前进行土壤处理，每亩用 43% 乳油 150~300 ml，对水 40~50 kg 均匀喷雾，黏土地可适当增加用药量。

注意事项：

（1）施药后不要翻动土层，以免破坏土表药层。

（2）甲草胺水溶性差，如遇干旱天气又无灌溉条件，应采用播前混土法。否则药效难于发挥。

（3）甲草胺对已出土杂草无效，应注意在杂草种子萌动高峰而又未出土前喷药，方能获得最大药效。

（4）甲草胺乳油具可燃性，应在空气流通处操作，切勿贮存在高温或有明火的地方。

2. 萘丙酰草胺

其他名称：大惠利、草萘胺、敌草胺等

加工剂型：50% 大惠利可湿性粉剂、20% 敌草胺乳油

药剂特点：选择性芽前土壤除草剂。萘丙酰草胺在土壤中半

衰期长达 70 天左右，用量高时易对下茬敏感作物产生药害。

使用技术：

（1）适用范围。适用于番茄、辣椒、茄子、马铃薯、白菜、萝卜、花菜、胡萝卜、菜豆、烟草及果园、桑园、苗圃等防除马唐、狗尾草、蟋蟀草、稗草、看麦娘、早熟禾、棒头草、马齿苋、野苋菜、灰菜、繁缕、凹头苋、刺苋、小藜、三棱草等 1 年生禾本科杂草和阔叶杂草。

（2）使用方法。

①直播田及苗床使用：番茄、萝卜、白菜、油菜、云豆、向日葵等作物播种覆土后，每亩用 50% 可湿性粉剂 100 ~ 200 g，对水 30 kg，针对土表均匀喷雾。

②移栽田使用：茄子、番茄、油菜、辣椒、马铃薯等作物移栽前，每亩用 50% 可湿性粉剂 150 ~ 200 g，对水 30 kg，对土表均匀喷雾，然后进行移栽，也可在移栽后，杂草未出土前进行土表喷雾。

注意事项：

（1）施药时，如土壤干旱，应在施药后 3 天内灌水或喷灌，以保证除草效果。

（2）对已经出土的杂草效果差，故应早施药，对已出土的杂草应事先予以清除。

（3）持效期长，每亩使用 50% 可湿性粉剂 200 g，持效期可达 65 ~ 90 天，在短生育期蔬菜作物采收后，不宜种水稻、玉米、大麦、高粱等作物，以免产生药害。

（4）对芹菜、茴香等有药害，不宜使用。

3. 乙草胺

其他名称：禾耐斯

加工剂型：900 g/L 乙草胺乳油、50% 乙草胺乳油、50% 乙草胺微乳剂、50% 乙草胺水乳剂、20% 乙草胺可湿性粉剂。

毒性：对人畜低毒。

药剂特点：选择性芽前除草剂，能被杂草的幼芽和幼根吸收。对1年生禾本科和阔叶杂草有效，持效期2个月左右。

使用技术：

（1）适用范围。适用于蔬菜苗圃田内防除稗草、狗尾草、马唐、牛筋草、稷、藜、苋、马齿苋、菟丝子等。

（2）使用方法。苗圃地整好后，播前每亩用900 g/L乙草胺乳油100～120 ml，对水50 kg喷雾地表。混土2～3 cm后播种，或播种后出苗前，每亩用900 g/L乙草胺乳油100～150 ml，对水35 kg均匀喷布土表。

注意事项：

（1）乙草胺只对萌芽出土前杂草有效，只能作土壤处理剂使用。

（2）沙质土壤用药量要低一些，否则易出现药害，含有机质多的黏土用药量要适当增加。否则药效不能保证。

4. 丁草胺

其他名称：去草胺、马歇特、灭草特

加工剂型：60%乳油、5%颗粒剂

毒性：对人畜低毒。对鸟类低毒，对鱼类高毒。

药剂特点：内吸传导型选择性芽前除草剂，主要通过杂草幼芽吸收，其次是通过根部吸收。对萌动及2叶期以前杂草有效。

使用技术：

（1）适用范围。适用于防除稗草，异型莎草、碎米莎草、狗尾草等一年生禾本科杂草。

（2）使用方法。在播种后至出苗前，每亩用60%乳油100～125 ml对水50 kg喷雾，均匀喷布土表。

注意事项：丁草胺对鱼类毒性高，不要把残药或洗喷雾器的水倒入湖、河或池塘内。

5. 异丙甲草胺

其他名称：甲氯毒草胺、屠莠胺、都尔

加工剂型：5%、72%乳油

毒性：对人畜低毒，对鱼类有毒，对鸟类、蜜蜂低毒。

药剂特点：选择性芽前除草剂。主要通过杂草幼芽基部和芽吸收，对一年生禾本科杂草的防除效果优于阔叶杂草。

使用技术：

（1）适用范围。适用于旱地作物、蔬菜作物和果园、苗圃防除稗草、马唐、狗尾草。对荠菜、马齿苋、苋、蓼、藜等阔叶杂草也有一定的防除效果。

（2）使用方法。于播种前或播种后至出苗前，每亩用72%乳油100～150 ml，对水35 kg，均匀喷雾土表。如果土壤表层干旱，最好喷药后进行浅混土，以保证药效。

注意事项：

（1）异丙甲草胺对萌发而未出土的杂草有效，对已出土的杂草无效。只作土壤处理使用。

（2）对禾本科杂草效果好，对阔叶杂草效果差，如需兼除阔叶杂草，可与其他除草剂混用，以扩大杀草谱。

三、取代脲类

1. 绿麦隆

加工剂型：25%、50%、80%绿麦隆可湿性粉剂

毒性：对人畜低毒。对鸟类和鱼类低毒，对蜜蜂无毒。

药剂特点：选择性内吸传导型除草剂。主要通过植物根系吸收，并有叶面触杀作用，是植物光合作用抑制剂。在土壤中半衰期30天左右，持效期70天以上，120天后无残留。对麦类作物较安全。

使用技术：

（1）适用范围。野燕麦、看麦娘、早熟禾、稗等一年生禾本科杂草，同时可防治牛繁缕、藜、猪殃殃、婆婆纳、播娘蒿等双子叶杂草。对田旋花、问荆、锦葵等杂草无效。

（2）使用方法。播种后出苗前，每亩用25%绿麦隆可湿性粉剂200~350 g，对水15~20 kg，土表喷雾。

注意事项：

（1）绿麦隆在土壤中分解较慢，残留时间较长，因此使用绿麦隆要严格控制施用量，用药过多对下茬敏感作物可能造成药害。

（2）油菜、豌豆等作物对绿麦隆敏感，不宜在这些作物上使用。

（3）绿麦隆水溶性差，施药时应保持土壤湿润，否则药效差。

2. 伏草隆

其他名称：高度蓝、福士隆、氟草隆

加工剂型：50%、80%可湿性粉剂、20%粉剂

毒性：对人畜低毒。

剂型特点：内吸选择性土壤处理使用除草剂。主要通过杂草根吸收。对一年生禾本科和阔叶杂草均有效。持效期长，果园使用1次即能防除整个生育期内的杂草。

使用技术：

（1）适用范围。适用于果园、苗圃防除稗草、马唐、狗尾草、蟋蟀草、看麦娘、早熟禾、繁缕、龙葵、小旋花、马齿苋、铁苋菜、藜、碎米荠等一年生禾本科杂草和阔叶杂草。

（2）使用方法。每亩用80%可湿性粉剂100 g，对水50 kg，均匀喷布土表；然后进行浅层混土或灌水，使药剂渗入土壤，提高药效。

注意事项：

（1）果园用药，切勿将药液喷到幼芽及叶片上，以免产生药害。

（2）在沙质土壤中使用应适当减少用药量。

（3）喷雾器具使用后要清洗干净。

四、醚类

1. 氟磺胺草醚

其他名称：虎威、除豆莠

加工剂型：25%水剂

毒性：对人畜低毒，对皮肤和眼睛有轻度刺激作用。对鱼类和水生生物毒性很低，对鸟类和蜜蜂亦低毒。

药剂特点：高度选择性除草剂，须在光照条件下才能发挥除草活性。能有效地防除果园阔叶杂草，能被杂草根叶吸收，使其迅速枯黄死亡，喷药后 4～6 h 遇雨不影响药效。

使用技术：

（1）适用范围。适用于果园，橡胶种植园防除苘麻、铁苋菜、三叶鬼针草、苋属、豚草属、油菜、荠菜、藜、鸭跖草属、曼陀罗、龙葵、裂叶牵牛、粟米草、马齿苋、刺黄花稔、野苋、决明、地锦草、猪殃殃、酸浆属、苦苣菜、蒺藜、荨麻、苍耳等阔叶杂草。

（2）使用方法。杂草 1～3 叶期，每亩用 25% 水剂 70～140 ml，对水 20～30 kg，均匀喷雾杂草茎叶。药液中加适量非离子型表面活性剂效果更好。

注意事项：

（1）氟磺胺草醚是防除阔叶杂草的除草剂，应与防除禾本科杂草的茎叶除草剂混用，才能同时防除阔叶杂草和禾本科杂草。

（2）在果园中使用，切勿将药液喷到树叶上。

（3）氟磺胺草醚对花生、玉米、高粱、蔬菜等作物敏感，施药时注意不要污染这些作物，以免产生药害。

2. 乙氧氟草醚

其他名称：果尔、割地草、草枯特、施普乐

加工剂型：24%乳油，0.5%颗粒剂

毒性：对人畜低毒，对鸟类、蜜蜂低毒，对鱼高毒。

药剂特点：选择性芽前、芽后触杀型除草剂。水溶性小，在土壤中的移动性也小。主要通过胚芽鞘、中胚轴进入杂草体内，经根吸收少。活性高，杀草谱广。对多年生杂草只有抑制作用。

使用技术：

（1）适用范围。适用于果园、林业苗圃等防除稗草、牛毛草、鸭舌草、水苋菜、异型莎草、节节草、狗尾草、蓼、苋菜、藜、苘麻、龙葵、曼陀罗、豚草、苍耳和牵牛花等一年生单、双子叶杂草。

（2）使用方法。每亩用24%乳油40～50 ml，对水35 kg，喷布土表。

注意事项：

（1）乙氧氟草醚活性高，用量少，使用时切勿随意提高药量，以免产生药害。

（2）对鱼毒性高，不能在养鱼水田中使用。也不能将药液污染水塘、江河、湖泊。

五、三氮苯类

1. 莠去津

其他名称：阿特拉津、盖萨林

加工剂型：38%莠去津悬浮剂、50%莠去津可湿性粉剂、80%盖萨林可湿性粉剂

毒性：对人畜低毒。

药剂特点：选择性内吸传导型除草剂。杀草机理是抑制杂草光合作用，使杂草死亡。根吸收为主，茎叶吸收很少。易被雨水淋洗至土壤较深层，对某些深根杂草亦有效，但易产生药害。持效期较长，一般在半年左右。

使用技术：

（1）适用范围。适用范围适用于果树、苗圃、林地防除马唐、稗草、狗尾草、莎草、看麦娘、蓼、藜、十字花科、豆科杂草，对某些多年生杂草也有一定抑制作用。

（2）使用方法。该药剂主要用作播后苗前土壤处理，也可用作苗后早期茎叶处理。土壤处理时，每亩用药量为38%莠去津悬浮剂 150～250 ml，对水 40～50 kg 喷雾。

注意事项：

（1）莠去津的残效长，对后茬某些敏感作物，如小麦、大豆、水稻等容易造成药害，可通过减少用药量，与其他除草剂混用解决。

（2）桃树对莠去津敏感，不宜在桃园使用。

（3）土表处理时，要求施药前，地要整平整细。

（4）施药后，各种工具要认真清洗。

2. 嗪草酮

其他名称：赛克、赛克津

加工剂型：70%赛克可湿性粉剂

毒性：对人畜低毒。对鱼类及水生物、鸟类、蜜蜂均低毒。

药剂特点：选择性除草剂，可在植物体内进行有限的传导。杀草机理是抑制杂草光合作用，使杂草营养枯竭而致死。半衰期28天左右，对后茬作物不会产生药害。

使用技术：

（1）适用范围。可有效防除早熟禾、看麦娘、反枝苋、藜、萹蓄、马齿苋等，提高施用量对马唐、铁苋菜、绿苋、曼陀罗、苣荬菜等也有较好防效，对鸭跖草、狗尾草、稗、苘麻、苍耳等有一定控制作用。

（2）使用方法。该药剂主要用作播后苗前土壤处理。每亩施用70%赛克可湿性粉剂35~70 g，对水20 kg喷雾。根据施药时的气候和土壤条件确定用药量，注意土壤有机质含量太低的砂质土不宜使用，以免产生药害；土壤质地过于黏重的地块，使用剂量应增加25%。

注意事项：

（1）嗪草酮安全性差，施药量过高或施药不均，或施药后遇大雨或大水漫灌、田间积水，均会造成药害。

（2）土壤有机质含量2%以下的沙质土田块不要使用嗪草酮，以免雨水淋溶造成药害。

3. 扑草净

加工剂型：50%、80%可湿性粉剂

毒性：对人畜低毒。对鸟类、蜜蜂低毒，对鱼类中等毒。

药剂特点：内吸选择性除草剂。可经根和叶吸收并传导。对刚萌发的杂草防效最好，杀草谱广，可防除一年生禾本科杂草及阔叶杂草。

使用技术：

（1）适用范围。适用于大豆、花生、向日葵、马铃薯、果树、蔬菜、茶树及苗圃防除稗草、马唐、野苋菜、蓼、藜、马齿苋、看麦娘、繁缕、车前草等一年生禾本科及阔叶杂草。

（2）使用方法。播种前或播种后出苗前，每亩用50%可湿性粉剂100~150 g，对水30 kg均匀喷雾于地表，或混细土20 kg均匀撒施，然后混土3 cm深，可有效防除一年生单、双子叶杂草。

注意事项：

（1）严格掌握施药量和施药时期，否则易产生药害。

（2）有机质含量低的沙质土壤，容易产生药害，不宜使用。

（3）施药后半月不要任意松土，以免破坏药层影响药效。

（4）喷雾器具使用后要清洗干净。

4. 西玛津

加工剂型：50%、80%可湿性粉剂、40%胶悬剂

毒性：对人畜低毒。对鸟类、鱼类低毒。

药剂特点：内吸选择性除草剂。能被植物根吸收并传导。可防除一年生阔叶杂草和部分禾本科杂草。持效期长。

使用技术：

（1）适用范围。适用于甘蔗、茶园、橡胶及果园、苗圃防除狗尾草、画眉草、虎尾草、莎草、苍耳、鳢肠、野苋菜、青葙、马齿苋、灰菜、野西瓜苗、马唐、蟋蟀草、稗草、三棱草、荆三棱、苋菜、地锦草、铁苋菜、藜等一年生阔叶草和禾本科杂草。

（2）使用方法。一般在 4～5 月，田间杂草处于萌发盛期出土前，进行土壤处理，每亩用 40%胶悬剂 185～310 ml，或 50%可湿性粉剂 150～250 g，对水 40 kg 左右，均匀喷雾土表。

注意事项：

（1）西玛津残效期长，可持续 12 个月左右。对后茬敏感作物有不良影响，对大豆、十字花科蔬菜等有药害。

（2）西玛津的用药量受土壤质地、有机质含量、气温高低影响很大。一般气温高有机质含量低、沙质土用量少，药效好，但也易产生药害；反之用量要高。

（3）喷雾器具用后要反复清洗干净。

六、硫代氨基甲酸酯类

1. 禾草丹

其他名称：杀草丹、高杀草丹、灭草丹、稻草完

加工剂型：50%杀草丹乳油（适用于北方）、90%高杀草丹乳油（适用于南方）

药剂特点：选择性除草剂。

使用技术：

（1）适用范围。稗、千金子、异型莎草、碎米莎草、牛毛毡、鸭舌草和母草等。

（2）使用方法。使用时期为：水直播田在播种前 3～5 天或水稻苗 1.5 叶期以后稗草 2 叶期以前；旱直播田在水稻播种后出苗前或水稻 1 叶期后稗草 1.5 叶期前；移栽田在栽后 4～8 天，稗草 2 叶期前。每亩用 90% 高杀草丹乳油 100～200 ml，对水 30～40 kg 均匀喷雾。

注意事项：

秧田、直播田播前施药的，不能播种已催芽的稻种，以免产生药害。

2. 禾草敌

其他名称：禾大壮、草达灭、环草丹、杀克尔

加工剂型：96% 禾大壮乳油

药剂特点：选择性除草剂。

使用技术：

（1）适用范围。稗、异型莎草、牛毛毡等。

（2）使用方法。使用时期为：秧田、直播田在稗草 2～3 叶期；移栽田在栽后 5～7 天水稻活棵后。每亩用 96% 禾大壮乳油 125～200 ml，对水 30～40 kg 均匀喷雾。

注意事项：

禾草敌易挥发，施药后应保水 5～7 天，以保证药效。

七、环己烯酮类

1. 烯禾啶

其他名称：烯禾定、拿捕净

加工剂型：20% 拿捕净乳油、12.5% 拿捕净机油乳剂

药剂特点：烯禾啶为选择性强的内吸传导型茎叶处理剂，能被禾本科杂草茎叶迅速吸收，并传导到顶端禾节间分生组织，使其细胞分裂遭到破坏。施药后 3 小时降雨对药效几乎无影响。烯禾啶对双子叶作物很安全，是防除禾本科杂草的特效除草剂。烯禾啶在土壤中持效期短，半衰期仅为 5 小时左右。

使用技术：

（1）适用范围。稗、野燕麦、看麦娘、虎尾草、狗尾草、马唐、牛筋草、蟋蟀草、千金子、画眉草等。提高用量也可防除白茅、狗牙根等。早熟禾、柴羊茅等耐药性较强。

（2）使用方法。防除一年生禾本科杂草，在杂草 3～7 叶期，每亩用 20% 拿捕净乳油、12.5% 拿捕净机油乳剂 100～140 ml，对水 15 kg 茎叶喷雾。防除多年生禾本科杂草，在杂草 3～5 叶期，每亩用 20% 拿捕净乳油、12.5% 拿捕净机油乳剂 200～300 ml，对水 15 kg 茎叶喷雾。

注意事项：

（1）施药时高温会增加药剂的挥发，应避开中午高温时段，选在早晚气温较低时施药。

（2）喷药时应注意防止药雾飘移到临近的小麦、玉米、水稻等单子叶作物上，以免造成药害。

2. 烯草酮

其他名称：收乐通、赛乐特

加工剂型：12%、24% 乳油

毒性：属低毒除草剂，对眼睛和皮肤有轻微刺激性，对蜜蜂无毒。

药剂特点：选择性除草剂。内吸传导型，高选择性的茎叶处理剂。可防除一年生和多年生禾本科杂草。对双子叶植物安全，抑制植物体内脂肪酸合成，使植株生长延缓，施药后 1～3 周植株褪绿坏死。

使用技术：

（1）适用范围。适于多数双子叶作物，也可用于果园中防除一年生禾本科杂草。

（2）使用方法。一年生杂草 3～5 叶期，多年生杂草分蘖后施用。使用剂量为每公顷 24% 乳油 400～600 ml 对水 300 L，茎叶喷雾。其他防治时期或杂草较大或防治多年生杂草均要适当增加药量。

八、N－苯基肽亚胺类

1. 丙炔氟草胺

其他名称：速收

加工剂型：50% 可湿性粉剂

毒性：对人畜低毒，无慢性毒性。

药剂特点：超高效选择性土壤处理剂。杀草机理为抑制杂草叶绿素的生物合成。由幼芽和叶片吸收，作土壤处理可有效防除一年生阔叶杂草和部分禾本科杂草，在环境中易降解。

使用技术：

（1）适用范围。以防除一年生阔叶杂草为主。对龙葵、铁苋菜、反枝苋、苘麻、藜等有良好防效，对苍耳防效稍差，对禾本科杂草及多年生的苣荬菜有一定的抑制作用。

（2）使用方法。播后苗期土壤处理。每亩用药量为 50% 速收可湿性粉剂 8～12 g，对水 20 kg 喷雾。

注意事项：

丙炔氟草胺以防除一年生阔叶杂草为主，对禾本科杂草虽有一定抑制作用但防效较差，应与防除禾本科杂草的除草剂混用以扩大杀草谱。

2. 氟烯草酸

其他名称：利收

加工剂型：10%乳油

毒性：对人畜低毒，对皮肤和眼睛有中等刺激。

药剂特点：触杀型茎叶处理剂。杀草机理为抑制杂草叶绿素的生物合成。对一年生阔叶杂草有良好的防除效果。在土壤中易降解。

使用技术：

（1）适用范围。以防除一年生阔叶杂草为主。对龙葵、地锦、反枝苋、苘麻、藜等有良好防效，对多年生阔叶杂草不能有效防除。

（2）使用方法。苗后茎叶喷雾，待阔叶杂草基本出齐，株高5～7 cm时施药。每亩用药量为10%利收乳油30～45 ml，喷液量每亩20 kg。

注意事项：

使用时可与防除禾本科杂草的茎叶处理除草剂混用，以扩大杀草谱。

九、二硝基苯胺类

1. 氟乐灵

其他名称：茄科宁、特福力、氟特力、氟乐宁

加工剂型：24%、48%乳油，5%、50%颗粒剂

毒性：对人畜低毒。对鸟类低毒，对鱼类高毒。

药剂特点：易挥发、易光解、水溶性极小，不易在土层中移动。是选择性芽前土壤处理剂，主要通过杂草的胚芽鞘与胚轴吸收。对已出土杂草无效。对禾本科和部分小粒种子的阔叶杂草有效，持效期长。

使用技术：

（1）适用范围。在杨树、垂柳、国槐、黄杨、悬铃木及月季、万寿菊和紫罗兰等苗圃内防除稗、野燕麦、狗尾草、马唐、

牛筋草、千金子等禾本科杂草和部分小粒种子的阔叶杂草。对苍耳、狗牙根和白茅等防治效果较差。

（2）使用方法。播种（扦插、移栽）前，每亩用药量为48％氟乐灵乳油 75 ~ 200 ml，对水 75 kg 对土表均匀喷雾，喷药后连耙 2 次，使药剂均匀混拌在月 5 cm 的深土层中。田间持效期 90 天左右。

注意事项：

（1）氟乐灵易挥发、光解，施药后必须立即耙地混土。

（2）施药时间应适当提早，施药时的土壤墒情应较好。

2. 二甲戊乐灵

其他名称：除草通、施田补、胺硝草、除芽通

加工剂型：33％、50％乳油，3％、5％、10％颗粒剂，45％微胶囊剂

毒性：对人畜低毒。对鱼类及水生生物高毒，对鸟类、蜜蜂低毒。

药剂特点：选择性土壤处理剂。杂草通过幼芽、茎和根吸收药剂。对大多数旱田 1 年生禾本科和阔叶杂草有效，对多年生杂草效果差。杀草机理为抑制杂草细胞的有丝分裂。

使用技术：

（1）适用范围。适用于银杏、杜鹃、日本小蘖、连翘、紫薇、南天竹、火炬松、美人蕉及半边莲属、菖草属、丝兰属、卫矛属、木犀属、海棠属、槭树属、女贞属、常春藤属、冬青属等花木苗圃，防除马唐、牛筋草、狗尾草、看麦娘、早熟禾等一年生禾本科杂草和藜、苋、繁缕、辣子草、芥菜等部分阔叶杂草。

（2）使用方法。播种（扦插、移栽）前，每亩用33％施田补乳油 200 ~ 300 ml，对水 30 kg 进行均匀喷雾。

注意事项：

（1）二甲戊乐灵对鱼类高毒，贮存和使用时应防止污染

水源。

（2）对 2 叶期以内杂草有效，要适时用药。

十、有机磷类

1. 草甘膦

其他名称：农达、飞达、灵达、镇草宁

加工剂型：41% 农达水剂、30% 飞达可溶性粉剂、10% 草甘膦铵盐水剂

毒性：对人畜低毒，对鱼低毒，对蜜蜂和鸟类无毒。

药剂特点：是一种灭生性慢性内吸除草剂，通过杂草茎叶吸收并传导至全株，使杂草枯死，在土壤中迅速分解，只能作茎叶处理，对 1 年生和多年生杂草均有效。不会对土壤中的作物种子造成不良影响。

使用技术：

（1）使用范围。非耕地、果园、免耕地作物播种前。

（2）适用范围。杀草谱非常广，对 40 多科的一年生及多年生杂草均有良好的防除效果。

（3）使用方法。每亩使用 41% 农达水剂 100～300 ml，对水 25～30 kg，对杂草进行茎叶均匀喷雾。

注意事项：

（1）草甘膦是茎叶处理剂，只有在杂草出苗后喷施才会起到除草效果。

（2）草甘膦为灭生性除草剂，因此施药时一定要选择无风的天气进行，喷头应加保护罩，另外应注意留出一定的隔离行，以免对周围作物造成药害。

（3）药液应用清水配制，浊水或含有较多金属离子的水均会降低药效。

（4）施药后 4 h 遇大雨需重新喷药。

2. 莎稗磷

加工剂型：1.5% 颗粒剂、30% 乳油

毒性：对人畜低毒。对鱼类中等毒。

药剂特点：选择性内吸传导型除草剂。主要通过根部吸收传导。能有效防除 3 叶期内的稗草和莎草科杂草。

适用范围：适用于防除稗草、异型莎草、碎米莎草、鸭舌草、尖瓣花等。

注意事项：

（1）对 3 叶 1 心内的稗草防效好，超过 3 叶 1 心效果下降。注意适期用药。

（2）对 1 年生异型莎草效果好，对多年生莎草科杂草无效。

（3）喷雾器具使用后要清洗干净。

十一、其他

1. 排草丹

其他名称：苯达松、灭草松、百草克

加工剂型：48% 苯达松水剂、25% 灭草松水剂

毒性：低毒。

药剂特点：触杀型选择性苗后茎叶处理剂。杀草机理是抑制敏感杂草的光合作用。

使用技术：

（1）适用范围。对苍耳有特效，可有效防除反枝苋、马齿苋、猪殃殃、繁缕、曼陀罗、苘麻等多种阔叶杂草和碎米莎草、异型莎草、牛毛毡等莎草科杂草。

（2）使用方法。每亩使用 48% 苯达松水剂 100 ~ 180 ml，对水 30 kg 进行茎叶均匀喷雾。

注意事项：

（1）排草丹施药后 8 h 内无雨才能保证药效。

（2）在极度干旱和水涝的田间不宜使用苯达松，以防止发生药害。

2. 恶草酮

其他名称：恶草灵、农思它

加工剂型：25%农思它乳油、12%农思它乳油

药剂特点：选择性触杀型芽前、芽后土壤处理剂。在光照条件下才能发挥杀草作用。土壤中半衰期为 3~6 个月。

使用技术：

（1）适用范围。狗尾草、马唐、稗、千金子、牛毛毡、异型莎草、碎米莎草、藜、马齿苋、蓼等多种禾本科、莎草科和阔叶杂草。

（2）使用方法。在花生田播后苗前施用，北方地区每亩用25%农思它乳油 100~150 ml，南方地区用 70~100 ml，对水45~60 kg 配制成药液均匀喷施；在水稻田播种（或移栽）前 2~3 天施用，每亩用 12%农思它乳油一般为 150~200 ml。

注意事项：

（1）在花生田土壤过干时，不易发挥药效，增加土壤湿度才能充分发挥药效。

（2）漏水的水稻田不宜使用。

3. 百草敌

其他名称：麦草畏

加工剂型：48%百草敌水剂

药剂特点：激素类内吸传导型的选择性除草剂，选择性原理主要是由于禾本科作物与阔叶杂草的代谢降解差异而形成的。麦草畏在土壤中经微生物较快分解而消失。

使用技术：

（1）适用范围。反枝苋、马齿苋、藜、苍耳、刺儿菜、鳢肠、田旋花、猪殃殃、牛繁缕、播娘蒿、荠菜等，对禾本科杂草

无防效。

（2）使用方法。用药量为每亩48％百草敌水剂20～30 ml，对水15～20 kg茎叶喷雾。

注意事项：

（1）百草敌施用时严禁飘移到周围的敏感作物上。

（2）严格掌握施药适期，小麦3叶前和拔节后禁止使用，玉米生育后期，即雄花抽出前15天，不宜施用麦草畏，以免造成药害。

（3）施药后喷雾器具要用肥皂水彻底清洗干净。

4. 燕麦灵

其他名称：巴尔板

加工剂型：15％燕麦灵乳油

药剂特点：选择性茎叶处理剂。

使用技术：

（1）适用范围。燕麦灵是野燕麦的特性防除剂，还可有效防除看麦娘和雀麦等禾本科杂草。

（2）使用方法。该药剂的适宜施用时期为苗后早期。每亩施用量为200～300 ml，对水20 kg喷雾。为增加防除范围，可与2甲4氯混用。

5. 甲氧咪草烟

其他名称：金豆

加工剂型：4％金豆水剂

药剂特点：内吸传导型选择性除草剂。杀草机理是抑制缬氨酸、亮氨酸和异亮氨酸的生物合成而使杂草死亡。作物和杂草对此类除草剂降解代谢的差异是其具有选择性的主要原因。该药剂为长残效除草剂。

使用技术：

（1）适用范围。可有效防除大多数一年生禾本科与阔叶杂草。禾本科杂草有稗、狗尾草、野燕麦、看麦娘、千金子、马唐等，阔叶杂草有藜、蓼、反枝苋、龙葵、苘麻、苍耳荠菜等。对多年生的刺儿菜、苣荬菜等也有抑制作用。

（2）使用方法。最适施药时期为大豆 1～2 片复叶期，每亩适宜用药量为 4% 金豆水剂 75～85 ml，对水 20 kg 喷雾。在药液中加入喷液量 2% 的硫酸铵可提高药效。

注意事项：

甲氧咪草烟属于长残效除草剂，只宜在东北单季大豆地区使用，使用后次年不宜种植水稻、甜菜、油菜、棉花等敏感植物。施药后 24 个月，对上述作物均无明显药害，可以安全种植。

6. 茅草枯

其他名称：达拉朋

毒性：对人畜低毒。对鱼类低毒。

加工剂型：87% 可湿性粉剂，60%、65% 茅草枯钠盐

药剂特点：选择性内吸传导型除草剂。植物根茎叶均可吸收，但以叶面吸收为主。可在植物体内上下传导。防除禾本科多年生杂草。施药后 1 周杂草开始变黄，3～4 周后完全死亡。

使用技术：

（1）适用范围。适用于橡胶园、茶园、果园等作物，亦可用于苗圃等作物防除茅草、芦苇、狗芽根、马唐、狗尾草、蟋蟀等一年生及多年生禾本科杂草。

（2）使用方法。用于橡胶园、茶园、果园及非耕地，在杂草生长旺盛期，每亩用 87% 可湿性粉剂 0.5～1 kg，对水 50 kg，均匀喷雾杂草茎叶。用于蔬菜地，于播种前或播种后出苗前，每亩用 87% 可湿性粉剂 300～400 g，对水 30 kg，均匀喷雾土表。

注意事项：

（1）茅草枯在土壤中的移动性较大，沙质土壤使用易产生药

害，施药量应适当减少。

（2）茅草枯对金属有腐蚀性，喷雾器具使用后要及时清洗干净。

7. 甲嘧磺隆

其他名称：嘧磺隆、森草净、林草净、园丁

加工剂型：75%可湿性粉剂、10%可溶性粉剂、10%悬浮剂

毒性：对人畜低毒。

药剂特点：高效内吸选择性广谱除草剂。根叶吸收并上下传导，作用迅速，杂草吸收后数小时，根和新梢顶端的生长即被抑制，3~14天后植株枯死。

使用技术：

（1）适用范围。仅限在针叶苗圃中防除一年生阔叶和禾本科杂草。

（2）使用方法。在播后苗前、杂草萌芽前和萌芽初期，每亩用75%可湿性粉剂9~18 g，对水30~40 kg喷雾。

注意事项：勿飘移邻近敏感作物。

8. 敌草快

其他名称：利农

加工剂型：20%利农水剂

毒性：中等毒性；对眼睛和对皮肤中等刺激性。

药剂特点：触杀型灭生性茎叶处理剂。杀草机理为破坏植物的细胞膜。在土壤中迅速丧失活力，不会对地下水造成污染。

使用技术：

（1）适用范围。适用于非耕地、果园、免耕地作物播种前。敌草快对多种一年生禾本科杂草和阔叶杂草如马唐、牛筋草、稗、千金子、狗尾草、反枝苋、藜、萹蓄、苘麻等均具有理想防除效果。

（2）使用方法。每亩使用20%利农水剂150~200 ml，对水

25 kg，对杂草进行茎叶均匀喷雾。

注意事项：

敌草快是非选择性除草剂，因此施药时一定要选择无风的天气进行，另外应注意留出一定的隔离行，以免对周围作物造成药害。

第四章 林业苗圃化学除草技术

在林业和园林苗圃管理过程中，除草是一项耗时费力的基础性工作，据调查，人工除草占苗圃总用工量的 40% ~60%。近年来由于劳动力成本日趋昂贵且效率较低、杂草复发率高，而化学除草可以节约用工 60% ~80%，降低除草成本 40% ~80%。因此，化学除草是一项亟须推广的农业技术。

第一节 林业苗圃化学除草剂的特点

1. 化学除草技术性强

林业苗圃化学除草是指用化学药剂消灭苗圃地的杂草。正确掌据苗圃化学除草技术，可以达到除草育苗的目的。除草剂有一定的选择性，比如在杨树插条叶全放开后，每亩用 48% 氟乐灵乳剂 50~100 ml 进行叶面喷雾，除草效果达 90% 以上，而对杨树苗却很安全，并有促进作用有些除草剂的选择性是本身具备的，但选择性除草剂只有在一定条件下，才具有选择性，如剂量过高或使用对象不当，也会伤害苗木；有些除草剂本身虽不具备选择性，但通过适当的使用方法也能达到安全有效的除草目的。因此，除草剂使用技术性强，要求比较严格。

2. 化学除草持效时间长

人工除草只能起到暂时的效果，持效期短，而化学除草持效期可达几个月，甚至整个生长季节不用除草。

3. 除草剂可与其他农药、化肥混用，可起到除草灭虫、防病追肥的作用

如除草剂敌稗 + 杀虫剂西维因的不同比例混用，促进杂草体

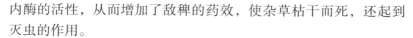

内酶的活性，从而增加了敌稗的药效，使杂草枯干而死，还起到灭虫的作用。

4. 使用方便、效果好

一般在苗圃地施药可用喷雾器或洒水车、细孔喷水壶及拌毒土等。以落叶松新播苗床为例，第一次施用果尔，第二次施用盖草能，就可基本控制杂草的危害，施药作业进度快，除草及时。

5. 高效低毒，低残毒，对人畜安全

施用除草剂用量较低。如马尾松苗床每亩施用扑草净有效量 $100 \sim 200$ g，就可有效地防除杂草。大部分除草剂对人畜低毒，因为除草剂是消灭杂草，其作用机制是抑制光合作用、干扰植物激素作用、影响植物核酸和蛋白质合成等，所以一般对高等动物的毒性较低。

6. 减少了苗床的病虫害

有些病虫害是在杂草的庇护下传播和蔓延的，化学除草能有效防除中间寄主，减少病虫害的发生。

7. 降低播种量

化学除草使用技术得当，除草效果好，并保证苗圃全苗，可以降低播种量。

8. 保持土壤结构

苗圃中常用的除草剂在土壤中通过淋溶、土壤吸附、光分解、微生物降解等各个途径，降解较快，土壤物理结构不被破坏，杀死的杂草覆盖在土表，具有防风固沙、保墒增肥的作用。

第二节 几种主要苗木的化学除草技术

为了适应林业生产发展和苗圃科学管理的需要，林业苗圃化学除草技术已成为当今林业苗圃经营管理中的重要技术之一。下面介绍几种主要造林、绿化树种苗圃常用化学除草方法。

一、松杉苗圃化学除草

1. 播后苗前处理

春季播种覆土后，用扑草净每亩有效量50～100 g，或用西玛津每亩有效量75 g，对水40 kg，用喷雾器或细孔喷水壶均匀喷洒，能抑制禾本科和蓼科杂草的生长，能有效防除十字花科、车前科、菊科、木贼科等杂草，除草效果达91%，对出苗无影响，相反，保苗率增加7%，幼苗的高度、主根长度、侧根数量都高于对照。出苗后当杂草刚萌发时可每亩用果尔10～15 ml，对水50 kg于床面均匀喷雾，能有效防除一年生单、双子叶杂草，除草效果好，对苗木生长无影响。以后再出现杂草可每亩用盖草能10～15 ml，对水40 kg，于床面均匀喷雾，能有效防除一年生禾本科杂草。

2. 生育期处理

（1）毒土处理。6月间当观察到杂草将再次出现时，拔除已出土的大草，可用西玛津每亩有效量75 g，或用扑草净每亩有效量50～100 g，拌过筛的细土40 kg，将配制的毒土均匀撒于苗床，随后扫清苗株上的毒土，对苗木安全、防除杂草效果好。

（2）土壤处理。当杂草刚刚萌发时，可用草枯醚每亩有效量100～150 g，或用果尔每亩有效量10～15 ml，对水50 kg于床面均匀喷雾，作土壤处理，能有效防除一年生单、双子叶杂草，对苗木生长无影响。

（3）叶面处理。6月、7月间当苗圃出现杂草时，可用灭草灵每亩有效量15 ml，对水40 kg于床面均匀喷雾，能有效防除一年生单、双子叶杂草；或用盖草能每亩有效量10～15 ml，对水40 kg于床面均匀喷雾，能有效防除一年生禾本科杂草，对苗木生长无害。

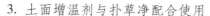

3. 土面增温剂与扑草净配合使用

土面增温剂是一种土壤覆盖物，它具有保墒、增温、压碱和抵抗风、水蚀的作用，由于土面增温剂具有以上多种优良性能，当它和除草剂扑草净配合使用时，能防止因风吹、雨淋、日晒而使除草剂有效成分散失，加之由于土温增高，更易发挥除草剂的性能。

具体使用方法：先喷扑草净，每亩有效量为 50~100 g，对水 40 kg 于播种覆土后出苗前，用喷雾器均匀喷洒在苗床上，而后再喷土面增温剂。土面增温剂用量为：1 m^2 用 150 g，对水 1 200 g。根据施药面积，计算出需土面增温剂量和用水量。使用时，先用少量水溶化土面增温剂，再加足计算水量，配成稀释 8 倍的土面增温水溶液，用细孔喷水壶喷洒在床面上即可。

4. 注意事项

（1）扑草净和西玛津必须于播种覆土后出苗前用药，而不能先用药后播种，否则影响苗木生长和保苗率。

（2）灭草隆、伏草隆、绿麦隆、阿特拉津、苯达松和五氯酚钠对苗木有药害，不宜采用。

（3）播后苗前处理，喷药后不需要进行人工除草或松土，以免破坏药层，影响药效。

二、杨柳树苗圃化学除草

1. 插后至芽萌动前

扦插后，在芽萌动前每亩用 24% 惠尔乳油除草剂 50~80 ml，对水 50 kg，均匀喷雾于床面作土壤处理；或用 50% 扑草净可湿性粉剂 150 g，对水 50 kg，均匀喷雾于床面，能有效地防除一年生单、双子叶杂草，对芽萌动和生长无影响。芽萌动时，每亩用 20% 百草枯水剂 100 ml，对水 50 kg，杀死已萌动的杂草，由于百草枯到土壤中失效，杨柳芽由芽鳞包住，芽萌动和生长均不受影响。

2. 扦插苗和留床苗

由于新萌发的嫩叶对多数除草剂均敏感，因此在扦插后芽孢开放前使用除草剂进行土壤处理，可每亩用扑草净有效量100～150 g或用敌草隆有效量60～100 g，能有效防除一年生单、双子叶杂草幼芽。苗期每亩用豆科威有效量120～150 g或茅草枯有效量400～500 g防除一年生禾本科阔叶杂草、刺儿菜及苣荬菜等。

对两年生以上的杨柳树。每亩用草甘膦有效量100 ml在杂草10 cm以下时，均匀喷雾于苗木行间，严防药液飘散到苗木茎叶上，能有效防除一年生和多年生杂草地上部分。留床和换床两年生以上的大苗可用草甘膦定向喷雾法防除杂草，每亩用药60～80 g，对水50 kg。

3. 生育期处理

对一年生苗木，可用惠尔或扑草净，按上述的用量制成毒土，撒于苗床并清除苗株上的毒土，以防药害，可有效防除一年生禾木科、菊科、蓼科、藜科等杂草；或用10.8%高效盖草能乳油，每亩用量25～50 ml，对水50 kg，均匀喷雾作叶面处理，可有效防除一年生禾本科杂草，对苗木安全；如苗圃中双子叶杂草较多时，也可用10.8%高效盖草能乳油+21%惠尔乳油混用，配比1:1，有针对性地于苗木行间作叶面处理，能有效地防除一年生单、双子叶杂草，对苗木生长无影响。

对二年生以上杨树，还可用65%草甘膦可溶性粉剂，每亩用量100～150 g，在杂草高10 cm时，均匀喷雾于苗木行间（严防药液飘散到苗木茎叶上），能有效防除正在生长的杂草。为了防止药液飘散到苗木上受害，一般不用微型超低容量喷雾器。

4. 影响除草剂药效的因素

（1）植物的生长阶段。每一种除草剂的杀草范围与造成危害的杂草相适应，才能取得较好的除草效果。杂草越小除草剂的杀草效果越好。如氟乐灵每亩用量80 ml，对2叶以下的稗草效果明显，对3叶稗草有抑制作用，而对4叶以上的稗草就起不到药效，因此除草要除小除早。

（2）气候条件。

① 光照。有些除草剂药效的发挥与光照有关，如二苯醚类，除草剂在光照条件下才能杀死杂草，在黑暗中无效。这类药物光照越强药效发挥得越好。

② 风雨。喷洒除草剂应在无风的天气进行，喷药时有大风药液会随风飘移影响药效，也容易引起苗圃或相邻作物产生药害。喷药后遇到大风或雨，往往会把带有除草剂的表层刮走或冲走，降低药效。

③ 温度。在一定范围内，一般温度高杂草生理活动能力强，吸收药量多，药效随之提高。叶面喷雾以气温20～30 ℃为最好。

（3）土壤条件。

① 土壤酸碱度。碱性土壤中长出的杂草比酸性土壤中的杂草对除草剂敏感。

② 土壤湿度。在湿润条件下杂草生长旺盛，角质层薄，除草剂易渗入，比较容易吸收。

③ 土壤组成。土壤中有机质越多，其吸附药剂越多，因此降低了除草剂的使用效果，一般用药量的顺序是：黑土＞黏土＞壤土＞沙土。

④ 经营管理措施。床面平整程度，地面有无覆盖物，都能影响除草剂除草效果，床面不平，药液喷洒不均匀，影响药效，地面有覆盖物药液不能与杂草接触也影响药效。

5. 注意事项

（1）使用20%百草枯水剂，必须在插条芽萌动前进行，芽萌动后禁用。

（2）在苗圃里使用65%草甘膦可溶性粉剂和20%百草枯水剂，一般不用微型超低容量喷雾，以防因药液飘移对苗木产生药害。

（3）10.8%高效盖草能乳油和24%惠尔乳油可以混用，也可交替使用，有利于防除苗圃中的单、双子叶杂草。

三、桐树苗圃化学除草

埋根后覆盖地膜前，每亩用50%扑草净可湿性粉剂120 g，或48%拉索乳油160 ml，或48%氟乐灵乳油100 ml，对水60 kg进行土壤处理，可有效防除一年生禾本科杂草。

出苗后15天，人工拔除已长大的杂草，每亩可用50%扑草净可湿性粉剂100～120 g，拌过筛的细潮土60 kg，均匀撒施于土表，随后扫净落在苗木上的药土或用清水洗苗，对多种一年生单、双子叶杂草高效。

苗木10 cm以上，可用12.5%盖草能乳油40～80 ml或5%精禾草克乳油50～100 ml，按说明书对水后茎叶喷雾，对一年生禾本科杂草有理想防效。

四、榆树苗圃化学除草

每亩用60%杀草胺乳油330～550 ml，播前土壤处理可有效防除一年生禾本科杂草和部分阔叶杂草。25%扑草净可湿性粉剂每亩用400～600 g，播前土壤处理对一年生单、双子叶杂草幼芽高效。用50%杀草丹乳油300～500 ml，在榆树出苗后土壤处理，对一年生禾本科、阔叶杂草及异型莎草有较好防效。二年生以上大苗及幼树生育期，可用10%草甘膦水剂每亩670～1 000 ml，对水定向喷雾茎叶，能杀死所有出苗杂草，但应十分小心不要将药液喷到树苗上。

五、槐树苗圃化学除草

播后苗前，每亩用60%杀草胺乳油250 ml，或48%拉索乳油280 ml，对水50 kg喷雾土壤，可有效防除多种单、双子叶杂草。在苗木长到3～10 cm高时，每亩用24%果尔乳油40～60 ml，对水定向喷洒床面，可防除以双子叶为主的多种杂草。也可以每亩用20%拿捕净乳油100～130 ml或12.5%盖草能乳油40～80 ml或35%稳杀得乳油60～100 ml，对水喷洒于茎叶，对多种禾本科杂草高效。

六、桉树苗圃化学除草

在播种前1个月，先整地、做床，并采用塑料薄膜矮棚覆盖，以促使杂草加快萌芽生长，待其长出2～3叶时，每亩用10%草甘膦水剂600 ml，对水40 kg再加入药液量0.2%洗衣粉，喷于杂草茎叶，可杀死全部出苗杂草。树苗长出3对叶后。每亩用50%扑草净可湿性粉剂200 g，均匀喷于苗床做土壤兼茎叶处理，可有效防除多种一年生单、双子叶杂草。

第三节　林业苗圃化学除草发展趋势

一、混用或交替使用各种除草剂，防除抗性杂草群落的形成

由于长期单一使用一种除草剂，逐步形成了抗性杂草群落，如多年使用除草醚的苗圃中，菊科、石竹科的杂草显著增加，甚至成为优势杂草。混用或交替使用不同除草剂，可以避免一些抗性杂草群落的形成。

二、合理使用除草剂的剂型与方法

在土壤处理前可采取灌浇催促杂草萌发，用残效期短的触杀

型除草剂消灭杂草幼苗。一般在播种后出苗前使用可湿性粉剂。在苗期使用颗粒剂或毒土，施用方便，对苗木安全，持效期长。

三、筛选高效、低毒、低残留、选择性强的除草剂

目前，林用除草剂如盖草能、果尔、拿捕净、氟乐灵等，在苗前或苗后使用，只要正确掌握使用技术。对苗木安全，除草效果好。但我国生产的除草剂，在苗期使用的药剂种类仍然不多，而被称之为灭生性的除草剂草甘膦、克无踪，在桧柏、油茶、茶树苗圃中，作叶面定向喷洒，使药液不接触幼嫩茎时，对苗木安全，除草效果好，对土壤无残留，在苗圃中应用是很有前途的除草剂，需进一步研究。

四、解毒作用的研究

目前苗圃一旦出现药害，就没有措施解除，从而使化学除草剂的应用仍处于被动地位。在国外另有不同品种的安全剂、解毒剂，经处理后的苗木，进行化学除草时，可以避免药害。

五、施用技术的研究

有些国家推广超低容量施药技术，即在喷雾技术方面作了改进，使雾滴变小，用药浓度提高，在不影响除草效果的情况下，单位面积的用药量降低，大大提高施药效率。

六、对杂草生长习性的研究

根据人们对杂草抗性增长变化的研究，发现很多杂草有两个时期对除草剂敏感。一个是萌发后不久，种子内部养料消耗尽了，但还不能合成足够养分时；另一个是开花结实期。在这两个时期施药，用药量少，效果好，在后一时期用除草剂处理杂草，使杂草种子提前脱落，不能成熟萌发。

第五章 其他苗圃杂草的化学防除技术

第一节 花卉苗圃杂草的化学防除技术

花卉苗木包括：木本花卉和草本花卉。由于花卉品种不同，苗龄差异，经济价值不同，生物学特性各异，对除草剂选择和使用方法也不同，必须因圃施药。现将主要除草技术介绍如下。

一、据苗龄用药

二年生木本花卉，不论是播种的实生苗，还是扦插苗，苗株幼小，枝嫩根浅，根系不发达，耐药性差，若苗床杂草不多，最好手工拔除；若必须施药的，应用低剂量，以毒土法防除，将杂草消灭在萌发之前。对花卉苗木幼苗生长势差或杂草危害较小的圃地，一般可采用缓期施药。二年生以上的苗木，一般植株健壮，根系发达，可用果尔每亩 10～15 ml；或用扑草净每亩 50～100 g，拌过筛的细土 40 kg 制成毒土撒施，或对水 50 kg 喷洒，均能获得理想的除草效果。尤其对早期杂草如看麦娘、红脚稗、马唐、千金子、早熟禾、荠菜等很有效，对苗木安全。5～8 月，杂草旺盛期，用盖草能每亩 5～10 ml 对水 40 kg，于露水干后，在苗床喷雾作叶面处理，能有效防除一年生禾本科杂草，对苗木安全。

二、根据花木的生长特性用药

如含笑、山茶、广玉兰、女贞等，叶为革质，叶片有腊层和一些松柏类花木具有芳香酯，耐药性较强，可直接选用内吸型除草剂如草甘膦，在晴朗无风的天气，每亩用量 75～100 ml，对水 40 kg，于露水干后喷雾作叶面处理，除草效果好，对苗木也安全。有些花木叶质薄，腊质少，如法国冬青、梧桐、碧桃等及有些草花，叶面有绒毛，如芙蓉、麻叶锈球等，不宜用草甘膦直接喷洒，而用盖草能每亩 5～10 ml，对水 40 kg，针对性喷雾，能有效防除一年生禾本科杂草，而对苗木无害。

三、根据花卉的经济价值用药

贵重花卉对环境条件和管理水平的要求一般比较高，如木本花卉中的五针松、西洋杜鹃、各色茶梅等名贵种，在花卉中数量较少。为安全起见，可选用叶面处理剂如草甘膦配成 0.3%～0.4% 浓度的药液，用涂沫法防除，这样可避免喷雾时飘移到苗木上引起药害。也可用氟乐灵每亩 40～50 ml，对水 50 kg 于苗床喷雾，随后用清水洗苗，苗株上水珠干后，用黄心土覆土，除草效果好，而且对苗木安全。

四、根据花木的质地用药

木本花卉对除草剂的抗性一般比草本花卉强。对草木花卉宜用选择性强的除草剂，如盖草能、禾草克和拿捕净等，在花卉生长期作茎叶处理。对一些阔叶木本树种，如白蜡、合欢、紫荆、木槿等较为敏感的树种，可用乙氧氟草醚作土壤处理，施药后需用清水洗苗，以保证苗木安全。

第二节　果树苗圃杂草的化学防除技术

果树苗圃面积不大，但防除杂草比定植果园更为重要。因为苗圃一般都要精耕细作，如经常松土、施肥、浇水，这不仅为苗木健壮生长提供了保证，同时也给杂草创造了优良的繁殖场所。

对这些苗圃杂草若防除不好，将严重干扰苗木的正常发育，进而影响苗木的出圃质量。

果树苗圃有两种基本类型：一种是用种子繁殖的实生苗苗圃；另一种是留植或采用扦插或嫁接的苗圃。苗圃杂草前期主要是阔叶杂草，中后期以1年生禾本科杂草如马唐、狗尾草、牛筋草、旱稗为主。对于苗圃的杂草，应立足于土壤封闭处理，防除以阔叶杂草为主的前期杂草，辅助于苗后茎叶喷雾处理防治禾本科杂草。

果树苗圃杂草的化学防除，通常在育苗的不同阶段进行。除草剂的选用，可分别从其适用于定植果园的种类中择取对苗木安全的品种。

一、播种苗圃杂草的防治

1. 播后苗前处理

果树和杂草出苗前，可以用48%氟乐灵乳油每亩用100~150 ml，或48%甲草胺乳油每亩用150~200 ml，或25%恶草酮乳油每亩用150 ml，或72%异丙甲草胺乳油每亩用150~200 ml+50%扑草净可湿性粉剂75~100 g。任选上列除草剂之一，对水50 kg配成药液，均匀喷于床面。其中氟乐灵药液，喷后要立即混入浅土层中。此外，仁果、坚果播种苗床，还用40%莠去津悬浮剂每亩用150 ml，配成药液处理。

2. 生长期处理

在果树实生幼苗长到5 cm后，为控制尚未出土或刚刚出土的杂草，可按照本节"播后苗前处理"所用的药剂及用量，掺拌40 kg过筛细潮土制成药土，堆闷4 h，然后再用筛子均匀筛于床面。用树条拨动等方法，清除落在树苗上的药土。禾本科杂草发生较多时，可以在这些杂草3~5叶期，每亩用10.8%高效吡氟氯禾灵乳油50~80 ml或5%精喹禾灵乳油50~100 ml，对水40 kg配成药液，喷于杂草茎叶。在大距离行播和垄播苗圃，若有阔叶杂草发生较多或混有禾本科杂草时，可在这些杂草 2～4 叶期，每亩用 24% 乙氧氟草醚乳油 30 ml + 10.8% 高效吡氟氯禾灵乳油 40 ml，对水配成药液，再在喷头上加保护罩定向喷于杂草茎叶。

二、嫁接圃、扦插圃杂草防除技术

在苗木发芽前和杂草出苗前按照本节"播后苗前处理"所用的药剂及用量，对水配成药液，定向喷于地面。在苗木生长期，参照播种圃生育期处理应用的药剂、药量与要求，以药液喷雾法定向喷洒。

参考文献

陈国海 . 1988. 林业化学除草技术 〔M〕. 北京：学苑出版社.

陈国海 . 1989. 林业苗圃化学除草指南 〔M〕. 北京：学苑出版社.

董钧锋 . 2006. 常用除草剂使用技术 〔M〕. 郑州：中原农民出版社.

董钧锋 . 2008. 园林植物保护学 〔M〕. 北京：中国林业出版社.

高美英，姚章军 . 2009. 杨柳树苗圃化学除草技术 〔J〕. 安徽农学通报，15（4）：93，114.

高文清，章彦俊 . 2007. 果尔和高效盖草能在油松苗圃中的除草试验 〔J〕. 河北北方学院学报（自然科学版），23（3）：27 – 28.

江银华 . 2012. 皖南林业苗圃化学除草技术 〔J〕. 现代园艺（6）：80 – 82.

解有仁 . 2015. 杨树苗圃化学除草技术研究 〔J〕. 青海农林科技（1）：63 – 64，74.

李善林 . 1999. 草坪杂草 〔M〕. 北京：中国林业出版社.

李孙荣 . 1990. 农田杂草防治的生态经济原理 〔M〕. 北京：北京农业大学出版社.

李香菊 . 2015. 除草剂科学使用指南 〔M〕. 北京：中国农业科学技术出版社.

鲁传涛 . 2014. 除草剂原理与应用原色图鉴 〔M〕. 北京：中国农业科学技术出版社.

强盛 . 2003. 杂草学 〔M〕. 北京：中国农业出版社.

沈国辉 . 2003. 菜田、果园和茶园杂草化学防除 〔M〕. 北京：化学工业出版社.

沈国辉 . 2002. 草坪杂草防除技术 〔M〕. 上海：上海科学技术出版社.

首都绿化委员会办公室 . 2000. 观赏植物病虫草害 〔M〕. 北京：中国林业出版社.

四改平 . 2010. 落叶松苗圃中化学除草试验 〔J〕. 农药，49（4）：298 – 310.

苏少泉.1996. 中国农田杂草化学防治 ［M］. 北京：中国农业出版社.

唐洪元.1991. 中国农田杂草 ［M］. 上海：上海科技教育出版社.

陶波.2014. 除草剂安全使用与药害鉴定技术 ［M］. 北京：化学工业出版社.

徐向东.2011. 南方园林苗圃化学除草方法 ［J］. 现代园艺（2）：42.

许新桥，刘俊祥.2014. 林业有害植物化学防控技术 ［M］. 北京：中国林业出版社.

姚满生.2000. 新编蔬菜田化学除草技术 ［M］. 北京：中国农业科学技术出版社.